哈

有趣到睡不著的

面白くて眠れなくなる地学

地球科學

變成化石沒那麼簡單

左卷健男 編著　陳朕疆 譯

目錄

Part 1 生氣蓬勃的地球故事

Part 2

有趣的氣象小知識

Part 3

不可思議的宇宙知識

前言

充滿活力的地球科學

會寫這本書是有原因的。

地球科學真的很有趣！

開門見山的說，我想讓所有讀者都體會到這件事。

我覺得自然科學中的物理、化學、生物、地球科學，同樣都很有趣，不論是探究自然奧祕的人們所發生的悲喜故事，或是被發現的科學概念、原理規則等，都十分耐人尋味。

我的專長是小學、國中、高中的基礎自然科學教育，曾擔任過國高中的自然科老師。我那時的座右銘是「我要把上課變成一件有趣的事，能讓學生們在晚餐時，與家人興奮的談論當天的課程」。

在自然科學的課程中，如果學生能學到知識，被知識感動，精神上獲得富足，因思考問題而覺得興奮，那就太棒了！

地球科學是一門內容相當廣泛的學問，從腳下的地球內部、地球表面、覆蓋地球的大氣，一直到遠方的宇宙。它也包含了地震、火山、颱風、豪雨等自然災害，以及每日天氣等等，與你我息息相關的內容。

可惜的是，以日本而言，很少人高中時會繼續學習地球科學，甚至可以說，一般人的地球科學知識僅停留在國中程度，也不為過。

本書為這些人們匯整了許多關於地球科學的獨特內容，覺得地球科學「很無聊」、「土裡土氣」的人們，看過本書後，一定能感受到它充滿驚奇與變化的魅力。

舉例來說，在封面上提到的問題，就是因為地球自轉速度逐漸變慢，而造成的現象。

大約四十六億年前，散布在太空中的塵埃一邊旋轉、一邊聚集，形成了太陽。接著，繞著太陽旋轉的岩石——小行星，彼此不斷撞擊、結合，形成了地球。

地球剛誕生時，自轉一周所需的時間，也就是一天的時間，大約只有五小時。現在一天有二十四小時，這表示，地球的自轉速度會隨著時間的經過而變慢。科學家推測，未來地球自轉速度會繼續變慢，所以一天的時間也會愈來愈長。

地球科學這門學問如此寬廣，至今，前人已帶來許多驚奇，一一打開了這充滿戲劇性的世界之大門，讓我們獲得豐富的知識。但是未知的領域仍十分廣大。

為了和更多人分享自然科學帶給我的驚奇感與喜悅，我將持續努力研究，讓自然科學感動人心！

左卷健男

Part 1

生氣蓬勃的地球故事

SiO2

PANGEA

01

亞特蘭提斯傳說的真相

都是從柏拉圖開始的

中世紀以來，亞特蘭提斯之謎一直是令許多古文明、神祕學的愛好者們魂牽夢縈的傳說之一。

亞特蘭提斯是一個傳說中的島嶼王國。西元前四世紀的希臘哲學家柏拉圖，曾在他的兩本著作《蒂邁歐篇》、《克里底亞篇》中提到這個國家。書中描寫到，古希臘七賢人之一、雅典的立法者梭倫，他在西元前五九四年，為了改革國家制度而出國到埃及的城市塞易斯，他聽到當地的祭司講到亞特蘭提斯的傳說，並記錄下來。

亞特蘭提斯的時代，是在書籍寫作當時的九千年以前，柏拉圖讓筆下的角色

傳說中的亞特蘭提斯島

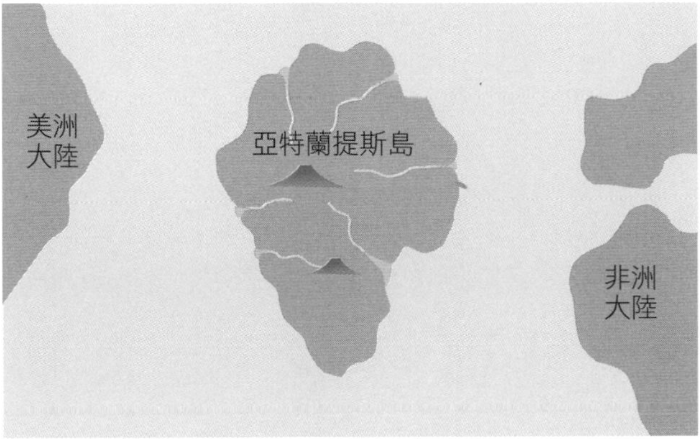

說了「這是一個完全真實的故事」。

亞特蘭提斯位於「海克力斯之柱」（直布羅陀海峽的古地名）西方的亞特蘭提斯海（現在的大西洋），它的面積，比非洲的利比亞與土耳其的小亞細亞加起來，還要大。海神波賽頓與女子克莉托生下的長子為亞特蘭提斯的國王，國王與他的九位弟弟一起統治著亞特蘭提斯，島上礦物資源豐富、農林畜牧發達，是一座非常豐饒的島嶼。

並且，島上建有豪華宮殿、規模浩大的運河、壯觀的大橋、鑲金鑲銀的寺院、庭園、競技場，居民都過著非常富裕的生活。這座王國不僅統治了附近其他島嶼，勢力範圍也擴及西南歐與西北非，是一個強大的海洋帝國。

故事中，還提到了另一個可匹敵亞特蘭提斯的文明「古雅典人」（超古代希臘人），他們驍勇善戰，擊退了亞特蘭提斯的侵略軍，留下許多英勇的故事。正當古雅典軍隊展開反擊，準備攻打亞特蘭提斯時，亞特蘭提斯卻發生了大地震與大洪水，島嶼在一天之內沉沒至海底。

問題在於，這是事實還是創作？

柏拉圖是一位理想主義者，追求的是永恆不滅的「理型」，而他的弟子亞里斯多德，卻是一位注重個人經驗的現實主義者，亞里斯多德認為，亞特蘭提斯是柏拉圖創作出來的。

如果亞特蘭提斯的故事是真的，那麼與亞特蘭提斯同時期的超古代希臘人也應該存在才對。即使亞特蘭提斯在一天之內沉沒至海底，超古代希臘的先進文明應該也能以某種形式保存下來，但至今，我們仍未發現任何與超古代希臘有關的痕跡。

中世紀以後，許多相信亞特蘭提斯傳說的人們，為了尋找相關的線索，多次在海上往返。除了大西洋以外，也有人認為，亞特蘭提斯位於美洲大陸、斯堪地那維亞半島、加那利群島等大陸或島嶼。

甚至有人認為，柏拉圖的書中寫錯年代，其實不是九千年前，而是九千個月前，而亞特蘭提斯傳說中的火山爆發，就是西元前一五〇〇年左右，發生在愛琴海錫拉島（聖托里尼島）的火山爆發，這場災害毀滅了米諾斯文明。

考古學家孫子的主張

保羅．施里曼因為號稱發現亞特蘭提斯而曾紅極一時，他自稱是海因里希．施里曼的孫子。海因里希．施里曼是一位相當有名的考古學家，他發掘了希臘神話中的特洛伊遺跡。

保羅．施里曼在一九一二年十月，寫了一篇長文，刊載於美國紐約的一份刊物 *New York American*，篇名為〈我如何找到所有文明的起源——亞特蘭提斯〉，文中提到他的祖父，海因里希．施里曼在死後留下了嚴密封存的厚重書信，其中就寫有亞特蘭提斯的祕密。

保羅表示，根據調查結果，在亞特蘭提斯沉沒後，原本的島民後來移居的地點，是現今玻利維亞的蒂亞瓦納科遺址。不久後，他會出版書籍，公布所有謎題的解答。

通常，對這些號稱「發現了亞特蘭提斯」的神祕學愛好者所說的話，考古學家只會一笑置之。但這次可是海因里希的孫子保羅，實在無法忽視他所說的話。於是許多考古學家私底下調查了這些資料，卻發現，保羅根據書信所發現的物品，在學術上有矛盾，而且保羅也提不出任何曾經在各地旅行、調查的證據。

與海因里希・施里曼一起進行挖掘工作的助手也說，海因里希從未對亞特蘭提斯進行大規模研究。

雖然保羅曾在一時之間受眾人矚目，卻無法回應眾人的質疑，最後也沒有出書解密，事情就這樣無疾而終。甚至有人說，海因里希・施里曼根本沒有一個叫做保羅的孫子，說不定只是*New York American*這份刊物的記者虛構出來的人物。

從地質學的角度切入

讓我們試著從地質學的角度來思考，柏拉圖所描述的亞特蘭提斯傳說。首先，許多人認為亞特蘭提斯曾存在於大西洋，但海底調查顯示，並未發現任何大片陸地曾存在的痕跡。

由板塊構造論來看的話又如何呢？板塊構造論中提到，歐洲、美洲、非洲等等六個大陸原本是相連的單一大陸（盤古大陸），這樣一來，並沒有任何能容納亞特蘭提斯島的空間。

再加上，整個大陸在一天之內沉入大海中，從地質學的角度來看，實在不太可能發生。

即使如此，相信亞特蘭提斯傳說的人們，仍會引用柏拉圖的著作，或者是神祕學家號稱自己能通靈，與古代亞特蘭提斯人對話，做為自己的證據，來解釋世界上各種疑似亞特蘭提斯的地點。

02

世界上原本只有一塊大陸？

彼此吻合的海岸線

到了人們能夠製作出精密的世界地圖的時代，不少人發現，非洲大陸與南美洲大陸雖隔海遙望，它們的海岸線形狀卻十分相似。十六世紀的英國哲學家，法蘭西斯．培根也注意到了這點。

不過，當時仍然盛行亞特蘭提斯傳說，就算相隔幾千公里的海岸線形狀相似，人們也認為這只是偶然。

後來，德國的氣象學家，阿爾弗雷德．韋格納（一八八〇～一九三〇）產生了一個直覺，他認為這兩條海岸線會那麼相似，應該隱藏了重大祕密。這兩個大陸可能曾經彼此相連，甚至，亞洲、歐洲、澳洲、南極洲等等，過去可能都屬於

盤古大陸

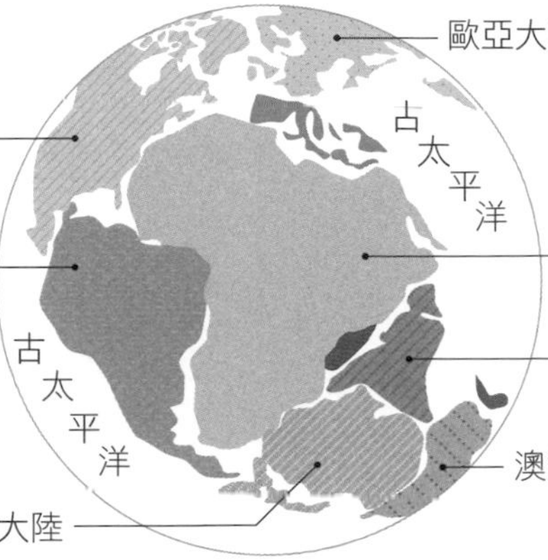

同一塊巨大的大陸，這就是盤古大陸。

韋格納認為，如果各個大陸曾彼此相連，那麼在各個大陸的交界處，應該可以找到相同的動植物化石才對。在整理了古生物學的研究結果後，韋格納陸陸續續發現了支持這個假說（尚未獲得證明的暫時性推測）的證據。

韋格納雀躍不已，他向地質學會提出「大陸漂移」的觀點，並將這些內容彙整成《大陸與大洋的起源》一書。

韋格納抱憾而終

那麼韋格納提出的假說被人們接受了嗎？事情並沒有如此順利。

韋格納的專長是氣象學，職業是天氣預報員，當時地質學界的主流理論認為，大陸是恆久不變的陸塊，即使大陸漂移的觀點是由地質學家所發表的，都會招來極大的反對，況且這又是天氣預報員提出的新穎說法，因此，果然引來許多地質學家強烈抵制。

根據化石調查發現，三趾馬這種已滅絕的馬，曾同時生存在法國和美國的佛羅里達州，因此地質學家們認為，當時的大西洋存在著「陸橋」連結兩地；要是真的有陸橋的話，這個橋應長達四千公里。另外，某些已滅絕的貘（外型類似河馬的哺乳動物）曾同時生存在南美洲和東南亞地區，所以地質學家也認為這兩個地方之間曾有過陸橋。

當時的古地圖中，大陸之間充斥著專家學者們所認為的陸橋或其他大陸，可說是相當奇怪的地圖。而他們認為，因為這些陸橋或大陸後來陸續沉沒到海底，所以可以合理描述現況。

然而，韋格納的假說，最大的弱點，就是無法證明是什麼力量使大陸分裂和移動。韋格納曾提出是地球自轉的離心力、月球引起的潮汐力，造成陸塊的移動，但地質學家們認為，這種力量並沒有大到能推動大陸，所以無法認同。

在氣象領域中有出色成就的韋格納，為了證明大陸漂移說而前往格陵蘭探險考察，最後卻在格陵蘭遇難死亡。

韋格納的假說雖然曾經引起激烈辯論，但漸漸的，討論的人愈來愈少，在一九三〇年代時已被眾人遺忘。

「磁場的化石」是什麼？

聽到「磁場」也有化石可用來考古，你是不是覺得很驚奇呢？

在地球科學中，將「古生物的遺體或遺留的活動痕跡」稱做化石，而在這篇所說的化石則是「保持著原狀的古老事物」。

火山噴出的高溫岩漿原本不具有磁性，但是當岩漿在冷卻成為熔岩的過程中，裡面的含鐵成分會受到地球磁場影響，沿著地球磁場的方向磁化。也就是說，含鐵礦物的磁場，顯示了冷卻過程當時的地球磁場。這種殘留在岩石內部的磁性，稱做「熱殘磁性」。

含有熱殘磁性的岩石，即使後來接觸到其他磁場，岩石本身的磁場也不會再改變。因此，分析岩石的熱殘磁性方向，並用放射性元素測定岩石誕生的年代（熔岩凝固的時間），就可以知道，隨著時間經過，地球的磁場方向如何變化。

除了熱殘磁性之外，海中、湖中的細小粒子沉澱後所形成的沉積岩，也能保留當時的地球磁場，稱做「沉積殘磁性」。

一九五〇年代以後，學者們開始在世界各地調查礦物的「化石磁性」，整理成了一張地圖。

圖a是分別由歐洲與北美洲岩石推測出來的北磁極移動軌跡，由圖可看出，自寒武紀以來，磁極緩慢的從赤道附近移動到北極。因為北磁極只有一個，所以這兩塊大陸上的移動軌跡應該要重合才對。

這究竟是怎麼回事呢？如果像圖b一樣，拉近北美大陸與歐洲大陸，就可以讓兩條軌跡幾乎重合了。這顯示，過去歐洲與北美洲曾經是相連的。

過了二十年以後，韋格納的大陸漂移說終於起死回生。

將磁極移動的軌跡重合之後……

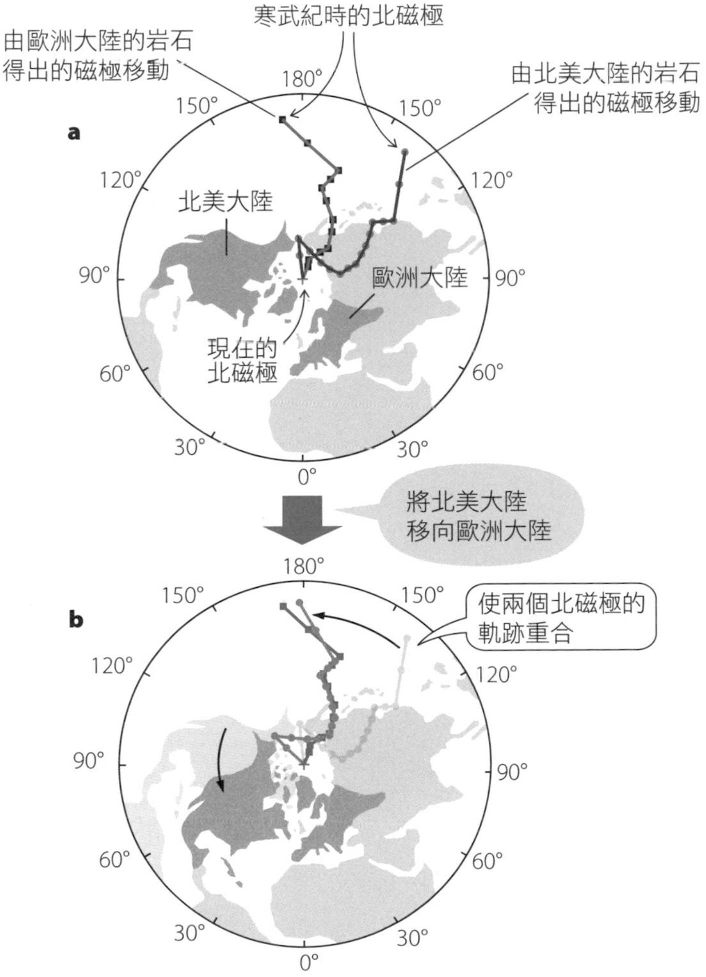

板塊構造論

大陸漂移說復活的關鍵，要歸功於海底地形的研究。

一九五〇年代起，科學家們正式開啟海底探勘，結果發現，地球上最高最寬廣的山脈，竟然在海中。這個巨大的山脈從冰島開始，沿著大西洋中央南下，繞過非洲南端，再經過印度洋與澳洲南方，接著改變方向，橫向切過太平洋，再北上至阿拉斯加。

海洋底部的山脈有時會突出海面，但大多數時候都沉在海面下幾千公尺的位置，在過去，人們都不曉得這個山脈的存在。為了與陸地的山脈做出區別，一般稱這種海底的山脈為「中洋脊」。

一九六〇年，學者們由岩石資料發現，大西洋中洋脊附近的海底岩石是較新生成的，而愈往東西兩側，岩石的年代愈古老。

另外，大陸岩石的起源可追溯到四十億年前，但最古老的海底岩石只約在兩億年前生成。而且，古老的海底岩石移動到大陸邊緣的海溝（海底的狹長深溝）

震源深度

附近後就會消失，究竟跑到哪裡去了呢？

地震學家研究了日本附近的震源深度，發現當地震發生在太平洋側時，震源比較淺；發生在日本海側或陸地時，震源比較深。震源深度從太平洋側到日本海側逐漸下降，形成傾斜的分布。

之所以如此，原來是因為海洋地殼從中洋脊誕生，然後逐漸往兩側的海溝移動，抵達海溝後便往下沉入地球內部。

大西洋的海底就像是有兩條巨大的傳動帶，一條把地球表面的地殼往北美洲方向推進，另一條則把地殼往歐洲方向推進，使海洋底部逐漸擴張。這裡說的地殼，正確來說，也包含了地殼下方的「上部地函岩石圈」。

一九六四年，在英國皇家學會主辦的討論會中，認可了地球表面是由許多碎片（後來稱做「板塊」）連接鑲嵌組成，而地球各處的板塊彼此推擠，引起地殼變動。這個想法認為，不只有大陸，整體地殼都會移動。

這就是新的科學理論「板塊構造論」的由來。這個理論用另一種方式證明了韋格納的大陸漂移說。

在提出大陸漂移說的半個世紀以後，讓韋格納困擾不已的大陸漂移原動力，被認為應是源自中洋脊的地函熱對流，這種地球內部熱量的驅動力，可以推動整個地殼。

03 冰島實在是地質學的寶庫！

史上最大的火山爆發

冰島共和國（以下簡稱冰島）的拉基火山爆發，是人類史上最大的火山爆發事件之一。拉基火山是由一二〇個以上的火山口組成的火山群，排列成條帶狀，長度約二十五公里。

一七八三年六月，拉基火山的地面突然裂開，噴發出岩漿與氣體，就像是綿延二十五公里的火焰簾幕一樣。

火山口斷斷續續的噴發了五個月，流出大量岩漿，造成慘劇。當時住在冰島的五萬人，有一萬人因而死亡。北半球也因為火山灰覆蓋整個天空，使得日照時間縮短，導致饑荒。

冰島如今仍是火山活動頻繁的島嶼。像二〇一〇年春天，冰島就發生過大規模火山爆發，位於南部的艾雅法拉冰河的火山，先在二〇一〇年三月爆發，短暫休止後，在四月十四日又再次大爆發。

那時，噴發出來的火山灰直衝十一公里高的天空，然後順著風飄向東南方，覆蓋了整個歐洲北部。各國航空主管機關擔心火山灰造成飛機引擎故障，於是從四月十五日起直到二十一日封鎖機場，禁止飛機起降，大幅影響了空中交通。

冰島的火山是從谷底裂縫中噴出黏度較小、易於流動的玄武岩質岩漿；另一方面，像日本這種弧形列島上的火山，爆發時則會噴出含有大量二氧化矽（SiO_2）的高黏度安山岩質岩漿。

海中也有山脈

地球表面上的各種地形，有山脈、高原、平原、盆地等等。事實上，隱藏在海面下的海底，也有著與陸地相似的地形，並且都有各自的名稱。

從大西洋中洋脊誕生的冰島

海中的山脈稱為中洋脊或是海嶺，位置在大西洋中央的，就稱做大西洋中洋脊；位置在印度洋的，有從大西洋延續到南極的西南印度洋中洋脊，還有東南印度洋中洋脊、印度洋中洋脊等；太平洋東側則有東太平洋中洋脊；南太平洋靠南極大陸一側有太平洋—南極中洋脊。中洋脊通常位於大洋底部的中央處，具有長長的山脈嶺脊。

中洋脊幾乎都位於海洋底部，無法從海面上直接觀察到，只有一小部分會露出海平面，而冰島就是其中之一。

請見上圖。穿過冰島的大西洋中洋脊，是歐亞板塊與北美板塊的誕生地，也是岩漿活動十分頻繁的地方，由於海中的火山持續爆發，噴發出來的物質會在海底逐漸累積堆疊，最後突出於海面，形成我們所見的冰島。

海底的平均深度約為四千公尺，從海面到海底山脈的頂部，深度約為二千至四千公尺。也就是說，位於中洋脊上的冰島能夠突出海面，是大量的火山噴出物堆疊而成的。

地質學家們推測，火山噴出物需經過二億二千五百萬年左右的累積，才能形成現在的冰島。至今，冰島的火山仍持續頻繁的活動。

裂縫逐漸擴張

在大西洋中洋脊的北部，有往東移動的歐亞板塊，和往西移動的北美板塊，冰島就位於板塊交界處的裂縫上。

這兩個板塊每年各自往兩側移動約一到一．五公分，合計約二到三公分，隨著裂縫逐漸擴張，從海底湧出的玄武岩質的岩漿，填補到裂縫地帶。

古冰島議會的開會情景

冰島稱這種裂縫為「gyao」。其中，辛格韋德利國家公園的gyao更是著名的觀光勝地。在西元九三〇至一二七一年間，古冰島議會「Alpingi」曾在某兩個斷崖間的gyao內開議。據說，聲音在斷崖間反彈迴盪，回聲能傳到遠方。

另外，由於裂縫地帶的火山活動相當活躍，會噴出高溫水蒸氣，所以可以被人們利用，像地下熱水與高溫水蒸氣不但可供地熱發電，還可用於暖氣或溫室栽培。

從冰島到糸魚川市

日本新潟縣的糸魚川市有一個大地溝帶地質公園（Fossa Magna Park）。在這裡，有一片人工削成的斜坡，這是一個可以看到糸魚川－靜岡構造線的「露頭」，所謂的露頭，指的是地下的地層或岩石暴露在地球表面的部分。

這個露頭的東側為北美板塊，西側為歐亞板塊，在這裡你可以右腳踏在北美板塊上，左腳踏在歐亞板塊上，同時橫跨兩個板塊。板塊的交界面上，可以看到北美板塊與歐亞板塊因互相擠壓使岩層碎裂，碎裂的岩層則形成了黏土化地帶（斷層泥）。

從冰島附近誕生的北美板塊與歐亞板塊，到了糸魚川市再度沉入地底，在糸魚川市能同時看到兩大板塊的終點，是個非常難得的地方。

北美板塊與歐亞板塊的交界包括日本海東部、韃靼海峽、維科揚斯克山脈、切爾斯基山脈、北極海、格陵蘭海、冰島、大西洋中洋脊等，廣布在世界各地。

04 聖母峰不是世界第一高山？

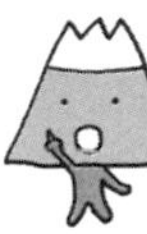

如何造成一座山？

你知道嗎？現在的山並不是一開始就是山，壯闊的高山過去也曾是一片平坦的土地。那麼，山又是如何誕生的呢？

山的形成原因大致上有兩個。

第一個是火山。岩漿自地表噴發出來，冷卻凝固之後的熔岩堆積起來，然後逐漸墊高，形成火山。日本最有名的火山大概就是富士山了，大致來說，富士山是由三次火山爆發所流出的熔岩堆疊而成的。

另一個則是地層受擠壓而產生褶皺，進而隆起成高山。原本水平的地層受到兩側力量的擠壓後，就會變形而隆起。日本第二高峰——北岳（位於山梨縣與

山的形成方式

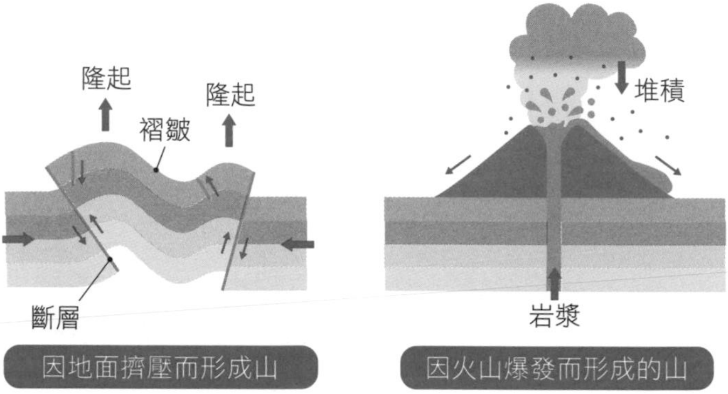

靜岡縣）就是因為地殼變動，受到來自兩側力量的擠壓而形成的高山。

北岳是由海底的沉積岩構成的，不是火山。世界上其他地方，包括北美大陸的落磯山脈、印度與西藏之間的喜馬拉雅山脈、歐洲的阿爾卑斯山脈等，形成原理也都與北岳相似。

如何測量聖母峰的高度

聖母峰（Mount Everest）是世界最高峰，標高八八四八公尺。八八四八這個數字是「地球中心與聖母峰峰頂的距離」減去「地球中心與聖母峰所在地之大地水準面的距離」。

地球上有著高度超過八千公尺的高山，以及深度超過一萬公尺的海溝，地形起伏相當大。而且，各處的地殼密度相當不均勻，由於高密度處與低密度處的重力略有差異，因此地球上各處的重力並不固定。

地球表面有七成覆蓋著海洋，在測地學上，會把最接近全球平均海平面的位置、重力相等的曲面，訂為「大地水準面」，來做為描述地球各地地形的標準。以日本為例，日本會以東京灣的平均海平面做為大地水準面。

換句話說，我們一般說的聖母峰高度，是聖母峰地點的平均海平面（大地水準面）到山頂的高度，這也就是為什麼我們會說聖母峰的高度是「海拔」八八四八公尺。

從地球中心算起

如果計算山高時不是從大地水準面算起，而是「從地球中心算起」的話，世界第一高峰就不是聖母峰，而是赤道附近的欽博拉索山（海拔六二六八公尺）。

原因是這樣的，地球以北極和南極為軸，由西向東自轉，在離心力的影響

三種測量山高的方法

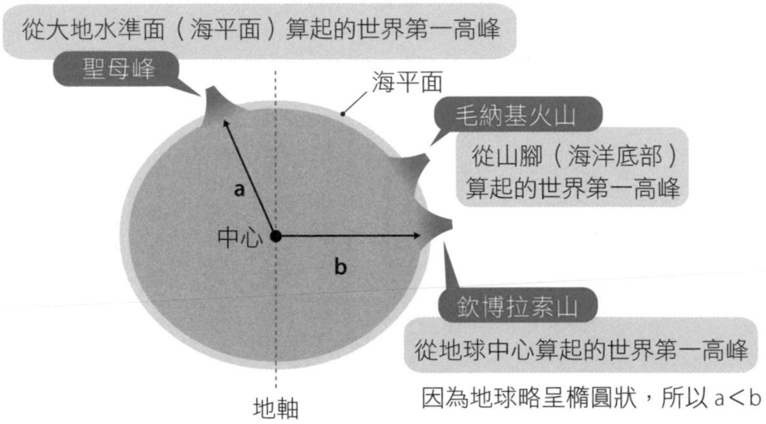

下，赤道附近的地表會稍微凸出一些。因此，與高緯度地區相比，赤道附近的地表離地球中心也比較遠。計算欽博拉索山山頂與地球中心的距離時，會發現高度比聖母峰還要高出兩千公尺。

從山腳（海底）算起

測量陸地上的山峰高度時，可以從大地水準面算起。那麼那些從海底拔起的高山又該如何測量高度呢？

舉例來說，如果有一座山在海面下有五千公尺，凸出海面的部分有一百公尺，那麼以大地水準面為基準時，高度就是一百公尺。要是海底的山沒有突出海面的話，就無法測得山高。

碰上這種山腳在海底的山，就要以海底為基準，測量海底至山頂的高度做為山高。

夏威夷的毛納基火山，露出海面的部分為四二〇五公尺，但如果從山腳所在的太平洋海底開始算起，可高達一〇二〇三公尺，比聖母峰還高了一三五五公尺。如果將地球的海水全部抽乾，毛納基火山就可以說是世界第一高峰。

不過，目前多數情況下還是以「大地水準面」做為測量基準，所以世界最高峰仍是聖母峰囉。

05

喜馬拉雅山還會長高嗎？

聖母峰山頂有海底痕跡

聖母峰是世界最高峰，海拔高度為八八四八公尺。在它的山頂附近有一條黃褐色的岩層帶，被登山者稱做黃帶（Yellow band），其實，這個岩層的主成分為石灰岩，是由許多海百合化石所組成的。海百合是一種古老的生物，和海膽有親源關係。

黃帶的岩層，是在三億年前的特提斯洋的海底形成，如今則位於近八千公尺的高山上。

滄海桑田的變化

特提斯洋位於現在的喜馬拉雅山一帶，到歐洲的阿爾卑斯山附近。自數千萬年前起，喜馬拉雅山、阿爾卑斯山開始從海中隆起，形成了大片陸地。

即使一年只上升一毫米，經過數千萬年後，也能長成數萬公尺的高山。不過實際上，隆起過程中還會受到風雨、河川的劇烈侵蝕，因此，山的高度取決於隆起與侵蝕之間的平衡。

那麼，山脈的隆起又是如何發生的呢？

板塊運動會造成山脈隆起，像印度次大陸、歐亞大陸就是巨大的板塊。地球表面有十多個板塊，由厚達數十公里到一百多公里的岩石組成，它們就像傳送帶一樣，每年可以移動數公分。

也就是說，科學家認為，印度板塊撞擊歐亞板塊後，使原本堆積在特提斯洋海底的地層隆起，成為現在的喜馬拉雅山脈，而且目前山脈仍持續上升中。

喜馬拉雅山脈的形成

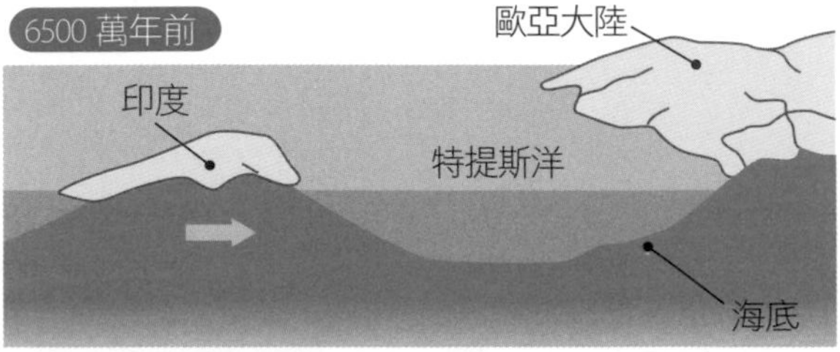

過去位於南半球的印度次大陸逐漸往北移動。

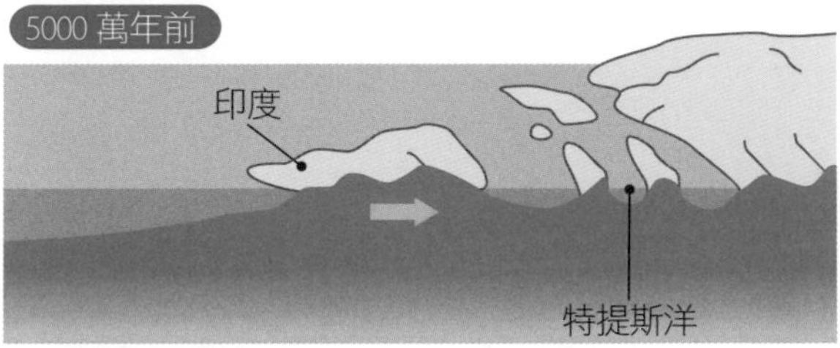

特提斯洋的海底被推擠上升，深度變淺。

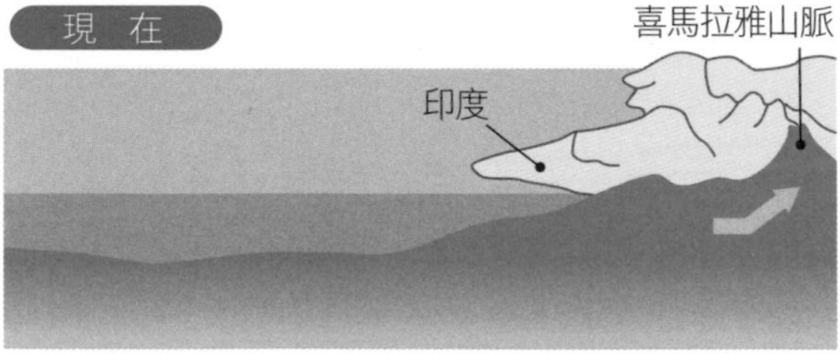

印度次大陸撞上歐亞大陸，形成喜馬拉雅山脈。
特提斯洋消失。

日本的地形面貌

日本列島又是如何形成的呢？從地球的歷史來看，我們現在所看到的山地、平原都是最近才形成的地形，精確來說，是地質年代中的第四紀（約二百六十萬年前）以後才形成的地形，儘管如此，這和我們日常所說的「最近」還是有很大的差別呢。到了第四紀，日本列島逐漸形成了今日的樣貌。

距今二百六十萬年前，日本列島各處開始出現隆起、沉陷等現象。隆起處變得比原本還高，卻也同時受到風雨、河川的侵蝕而被削減。若隆起的量比被侵蝕的量還要多，就形成山。

另一方面，沉陷處會形成盆地。周圍隆起的高山受侵蝕後，會把土石帶到盆地中，在此沉積形成平原。

這些地形的隆起與沉陷稱做「地殼變動」。在日本列島，隆起量最大的是飛驒山脈，有一千五百公尺以上；沉陷量最大的則是關東平原，達一千公尺以上。

那麼，隆起與沉陷的速度大約是多少呢？只要將變動量除以二百六十萬年，就可以知道平均變動速度是多少了。隆起量最大的飛驒山脈，以及沉陷量最大的關東平原，每一千年的變動量大約是〇‧六至〇‧四公尺，每年大約〇‧六至〇‧四毫米。

研究報告指出，日本關東的山地一年約上升〇‧五毫米，日本四國的山地一年約上升一至二毫米，而日本第二高峰所在的赤石山脈，一年約上升四毫米。即使一年只上升一毫米，過了二百六十萬年後，也會上升二千六百公尺，這就是所謂的「聚沙也能成塔」。

喜馬拉雅山脈每年約上升十毫米以上，上升速度明顯比日本的山脈快了許多。由此可見，印度次大陸與歐亞大陸的撞擊能量有多麼驚人。

力道好強啊！
我擠我擠

06 火山岩漿的奧祕

火山爆發＝噴出岩漿

火山爆發究竟是怎麼一回事呢？在地球內部，因為高溫使得岩石熔化（＝岩漿），當岩漿上升到地表附近，並累積到一定量之後，就會從地殼較脆弱的地方，例如裂縫等處噴發出來。

地表以下十公里至兩千九百公里的區域稱為地函，相對較淺的部分稱做上部地函（數十至數百公里），岩漿就是在這裡形成的。順帶一提，雖然地球內部溫度非常高，但並非所有上部地函的岩石都是熔融的岩漿狀態。

關於岩漿如何形成有幾種說法。

其中一個說法是「低熔點成分混入」。像日本列島這種排列成弧形的島嶼

低熔點成分混入地函而形成岩漿

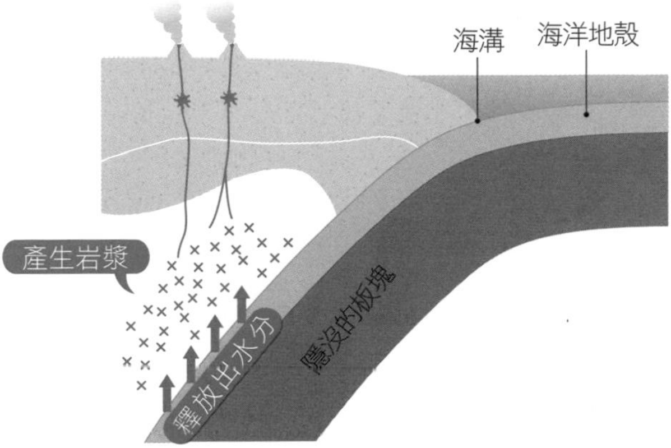

群，被稱做「島弧」，通常島弧的凸側靠近海溝。而海溝附近的海洋板塊會逐漸隱沒到陸地板塊底下，沉入海底的板塊，因夾帶了大量海水進入地函內部，使岩石的熔點下降，進而形成岩漿。

另一個說法是「減壓熔融」。海溝附近的地函會往下流動，相反的，在中洋脊等海洋板塊的誕生地附近，地函則是與板塊一起向上升。當岩石被地函從地底帶到地表附近時，環境從高壓變成低壓，岩石就會熔化而形成岩漿。

一般認為，從地殼與地函的交界處，一直到火山底下數公里處的區間，分布著積存岩漿的岩漿庫。

而岩漿從岩漿庫湧出到地表的一連串現象，稱做「火山活動」。岩漿會產生氣體，當氣體壓力增大到極限時便會噴出，這就是所謂的火山爆發。這時，火山口除了會流出岩漿（溫度約一〇〇〇～一二〇〇℃）之外，還會噴出火山彈、火山礫、火山灰，以及火山氣體等。

在火山爆發前，周圍地區會因為地底岩層受到破壞的緣故，而頻繁出現地震，或者因為岩漿與氣體的上升與膨脹使山體隆起，所以在某種程度上，火山爆發是可以預知的。

二氧化矽的比例大有關係

隨著岩漿黏度與氣體含量的不同，火山的活動情況也有所差異。

岩漿的成分中含有一種叫做二氧化矽的物質，像石英就是一種很典型的二氧化矽結晶，而特別純淨透明的石英，就是我們所說的水晶。地殼內最多的元素是氧，第二多的元素就是矽（以質量百分比來排序），因此，地殼內就含有大量由氧與矽所組成的化合物，二氧化矽。

水晶

當岩漿裡的二氧化矽含量愈多，岩漿的黏度就愈大。而岩漿的黏度愈大，就愈容易形成坡度陡峭、海拔高的火山；二氧化矽比例愈低，岩漿的黏度就愈小，稀薄的岩漿會平緩的流淌到整個平面，形成坡度平緩的火山。

火山爆發時的劇烈程度也跟二氧化矽含量有關。二氧化矽含量較低時，因岩漿內的火山氣體容易脫離，所以噴發時相對寧靜；相反的，二氧化矽含量高時，岩漿的黏度比較高，氣體難以脫離，容易產生劇烈的火山爆發。

另外，當岩漿黏度偏高時，凝固的熔岩會堆疊成火山穹丘（一種圓頂狀的構

二氧化矽含量與岩漿狀態

		二氧化矽比例		
		多（70%以上）		少（50%以下）
岩漿的各種性質	噴發時的溫度	低（約1000℃）	⇦中等⇨	高（約1200℃）
	噴發時的黏度	高		低
	凝固時的堆疊方式	往上堆疊		往平面擴散
	噴發狀態	爆炸性噴發		寧靜流淌
【代表火山】		昭和新山（日本）	淺間山（日本）	基拉韋亞火山（夏威夷）

造），還可能產生大量火山碎屑流。在日本，多數火山的岩漿內含有大量二氧化矽，因此會劇烈噴發。

日本北海道的昭和新山，與長崎縣的平成新山（一九九〇年，由雲仙普賢岳爆發所生成的火山穹丘，比普賢岳還要高）都是很典型由富含二氧化矽的岩漿噴發而形成的火山。

「繩文杉」這棵樹有幾歲

日本九州地方的屋久島上，有一株名為「繩文杉」的屋久杉，有人說它的樹齡有七千二百年，因此被稱做繩文杉（七千二百年前為日本的繩紋時代），不過，這個數字引起了不少人的懷疑，這就要說到當年火山爆發的事。

在屋久島附近，介於硫磺島與竹島之間，有一個被稱為「鬼界破火山口」的地形，所謂破火山口，指的是火山爆發後形成的大型窪地。鬼界破火山口約在六千三百年前爆發，當時造成了大規模的火山碎屑流，岩漿與火山灰並沒有直接冷卻凝固，而是維持高溫的熔融狀態。

一般認為，火山碎屑流侵襲了整個九州一帶，使當時棲息於九州的生物幾乎全部滅絕，屋久島的生物當然也無法倖免於難。

當時，有些噴到高空的火山灰甚至往北飄到了北海道才落地，在許多地方堆積形成了厚達十公分的火山灰層，而且至今仍存在。

另一方面，研究人員後來利用放射性元素來重新測定繩文杉的年代，目前認為，它的樹齡約在三千至四千年（也有人認為是二千七百年）左右，這樣就比較合理了。

07

熱愛火山的郵局局長

麥田裡的火山

一九四三年十二月二十八日，在日本北海道的有珠山西北邊的山腳，與北海道的洞爺湖溫泉街等地附近，突然地震頻傳。那個時期正處於第二次世界大戰，而日本的局勢流露出愈來愈濃厚的敗象。

當時的北海道壯瞥村（現在的壯瞥町）的郵局局長是三松正夫，他在一九一〇年有珠山火山爆發之際，曾協助東京大學的大森房吉進行現場觀測，見證了「明治新山」的誕生，那次的經驗讓他學到了許多知識。

因此在一九四三年他感覺到初震的當時，便認為應該是有珠山的火山活動，於是三松正夫趕往現場，並打電報給他認識的火山學家，告知有珠山出現異常變化的消息。

然而，當時的科學家們正忙於與戰爭有關的調查研究，無法前去現場。軍方也認為，戰時發布這種天搖地變的消息，可能會影響國民心理，因而對此保密。

後來，壯瞥村的麥田裡，地面逐漸隆起，形成了火山口，並陸續爆發了好幾次。一直到戰爭結束後的一九四五年九月二十日，火山穹丘抬升到了海拔四〇七公尺的高度，火山終於停止活動，誕生出一座「昭和新山」。

這種山頂的熔岩突出成塔狀的火山，稱為塔狀火山。直到現今，昭和新山的紅褐色山體，仍持續噴出氣體，因為溫度下降與風化作用，昭和新山的高度正逐年降低，目前海拔高度為三九八公尺。

震驚世界的三松圖

因為無法獲得科學家與軍方的協助，三松先生只能自行觀察火山活動，以及做紀錄。在戰爭時期，物資極度匱乏，缺少食物，也缺底片、紙張，甚至是衣物，不過三松先生謹遵「火山爆發是研究地球內部活動的最好機會」這個教誨，

昭和新山隆起圖（三松圖）

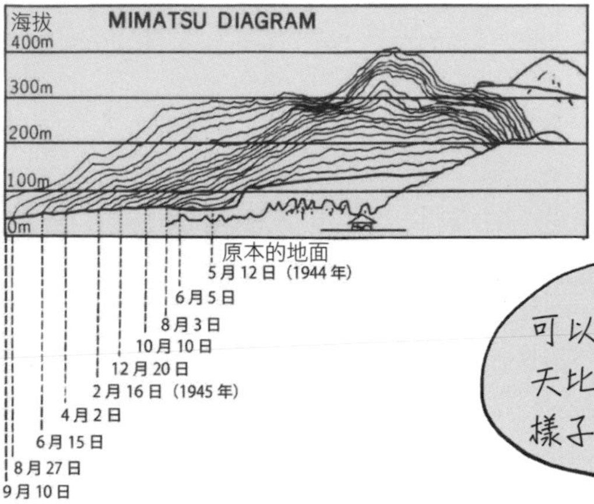

他廢寢忘食，用自己獨創的方式，將火山活動從頭到尾記錄下來。三松先生在郵局後方拉起線，做為基準，描繪出火山高度的變化。

三松正夫就這樣記錄下了火山活動從開始到結束的全部過程，完成「三松圖」，這也是世界創舉。

三松圖由兩張圖組成，一張是隨著時間變化的稜線圖「昭和新山隆起圖」，另一張則記錄了火山活動期間內的所有觀測資料，三松正夫把在郵局位置所感受到的地震次數，與火山爆發、隆起之間的關係，整理成「時間序列相關圖」。

一九四八年，在挪威的奧斯陸市舉行了火山的國際研討會，透過地質學家田中館秀三的努力下，三松正夫的這兩張圖得以在研討會上發表。看到戰時的日本偏遠地區，居然有業餘者能如此詳實記錄火山的誕生過程，令研討會的參加者讚嘆不已。從那時起，三松圖成為火山學的歷史中燦爛的一頁。

買下一座火山的男人

在一九四六年，三松正夫還買下了昭和新山。昭和新山是世界上第一個可確認到「隆起型火山」成長過程的寶貴樣本，為了能夠長久見證地球的破壞力與再生力，三松正夫認為必須嚴加保護火山周圍一帶的環境。

不僅如此，當時許多農民因為麥田變成了火山而失去生計，他也為了受災農民四處奔走，向中央政府與北海道政府陳情。然而，要求其他人保護這災害元兇的火山，實在不是件容易的事。

於是，三松正夫只好自己掏出二萬八千日圓，買下火山主要部分的四十二公頃土地。所以三松正夫便成為「世界上第一個活火山擁有者」。

一九七七年，深愛著昭和新山的三松正夫以八十九歲的高齡逝世。他的意志，由目前擔任三松正夫紀念館館長的三松三朗先生（三松正夫的女婿）繼承。

想登上昭和新山的話……

昭和新山是日本唯一能近距離感受地熱、聽到噴氣聲的活火山，從前曾開放給一般人參觀，但在一九七七年的有珠山火山爆發以後，因為穹丘隨時都可能崩落，為了防止意外事件發生，目前已管制入山。

我過去為了研究火山科學，向地主三松三朗申請到特殊許可證，在當時壯瞥町的自然科教師橫山光先生（火山專家）的帶領下，登上昭和新山，還在熱氣沸騰的火山口煮雞蛋。下山後我們一起拜訪了三松正夫紀念館，這才知道三松館長有拍下我們站在山頂時的樣子，還把照片送給我們做紀念。

雖然昭和新山的高度相對較低，但地層容易崩落，路面也難以立足，不小心滑倒的話很可能有生命危險。如果實在很想登上昭和新山，建議要先參加昭和新山登山練習的活動。

遊覽昭和新山時，請務必去參觀三松正夫紀念館，去了解他對火山的熱情，以及努力記錄下來的資料。這麼一來，你一定會覺得眼前的火山特別不一樣。

08 變成化石沒那麼簡單！

貝林格教授的悲劇

十六、十七世紀的歐洲，到處都在進行著大型建築與運河的建造工程。工人們挖掘到地底深處時，常會發現到形似爬行類、魚類骨頭的物體，或者是貝殼，以及像石頭般的樹木根部與莖幹等，那些東西如今就稱做化石。

不過當時的人們並沒有化石的概念，於是學者們做出了各種推測。

被譽為萬能天才的李奧納多．達文西曾說過：「這些東西是古代動植物的遺骸。它們被埋藏在地底很長一段時間後，就會變成石頭般的物體。」這是正確的判斷，不過那時只有少數人認同他的說法。主流意見認為「這些東西在大地的力量下形成，卻不具有生命力。」人們覺得化石是大自然惡作劇的產物，或是由神祕的大地力量塑造出的東西。

當時德國符茲堡大學的教授貝林格（一六六七～一七三八），是一位著名的化石研究者。他也站在主流意見的一方，堅信「化石是上帝一時心血來潮而創作的石頭加工物」。

為了獲得強力證據來支持自身的想法，貝林格雇了三名少年到附近的山地採集化石。少年們採集到了具有鳥、烏龜、蛇、青蛙、昆蟲、魚、花與草木等圖案的石頭，以及有太陽、月亮、星星、彗星的石頭，某些石頭上還有拉丁文、阿拉伯文、希伯來文。據說這些石頭的總數達兩千個。

貝林格根據這些素材，寫成一本附有精美插圖和解說的書，於一七二六年出版。學者們爭相閱讀這本書，全歐洲都在熱烈討論這些不可思議的化石。

想不到有一天，貝林格從少年們挖出來的石頭中，竟然發現具有自己名字的化石，在那一刻，他才明白，過去他發現的那些化石都是惡作劇。他質問了那三名少年，才知道，他的教授同事與大學圖書館館員，為了給傲慢的貝林格一點教訓，所以唆使少年們這麼做。

可憐的貝林格只能無力的說著：「我要用自己的財產買回自己的書，然後全部燒掉」。

在奇蹟下產生的

要形成化石的條件是「生物死亡時，身體沒有被動物吃掉，且身處於不會腐爛的環境。」一般情況下，即使沒有被動物吃掉，屍體也很有可能被黴菌、細菌等微生物分解，變得腐爛。

滿足這些條件的地方，只有土壤深處。如果屍體被掩埋在地底深處，不只不會被動物吃掉，在這樣的環境下也不易被細菌分解。隨著沉積物長時間的堆積，這些生物遺骸與沉積物，會逐漸轉變成堅硬的岩石。

不過，生物體並不會原樣保存下來。生物被埋在土壤中，經過幾萬年、幾千萬年，甚至幾億年後，容易被分解的部位就會被分解而消失，只有身體的一小部分會轉變成礦物而保存下來。

舉例來說，自然界裡大概每十億根動物骨頭中，只會有一根留存下來。一個人有二〇六根骨頭，當今所有日本人的骨頭加起來，能轉變成化石的也只有二十幾根而已，僅是一個人骨頭數量的十分之一。

有身體的化石，沒有身體的化石

一九〇〇年，人們在西伯利亞發現了冰封的猛瑪象，身上還留有毛與肉。據說這些肉還讓狗兒吃得津津有味。這具猛瑪象也被稱做「冰封化石」。

另外還有一類「沒有留下身體的化石」。在德國發現的一些水母化石，位於一億五千萬年前（中生代侏羅紀）的地層內，它們並沒有留下身體，而是只留下輪廓外形，屬於「印痕化石」。當時的情景大約是，水母靜靜躺在泥沙上，來自上方的泥沙迅速覆蓋住水母，於是水母便在上下層的泥沙之間留下印痕。

同樣的，恐龍在石灰岩上留下的足跡能夠形成「足跡化石」；以及沙蠶這類的多毛綱動物、螃蟹等甲殼類動物，牠們的爬行痕跡會形成「移跡化石」；而動物的糞便也可形成「糞化石」。

除此之外，螃蟹的洞穴、穿孔貝鑽出的洞穴，這種動物生活過的巢穴也會形成化石，這些都屬於「生痕化石」。

也就是說，古代生物遺留下來的任何形式的東西，都可以成為化石。化石的英文為fossil，在拉丁文中的意思是「從地球中挖掘出來的東西」。

「活化石」是什麼？

有些現存的生物被稱做「活化石」，例如腔棘魚。腔棘魚的構造與一般的現生魚類有明顯的差異，形態比較接近古生代（泥盆紀）的生物，因為腔棘魚的樣貌從很久以前一直到現在，都幾乎沒有什麼改變，所以被稱做「活化石」。

植物中也有「活化石」，包括水杉、銀杏等。許多開花植物需依靠雄蕊與雌蕊授粉，授粉後花粉管會逐漸伸長，使精細胞與卵細胞結合受精。銀杏雖然也會開花，但受精方式卻是讓精子在水中游向卵細胞，這種受精方式，是古生代植物的一大特徵。地球現生的種子植物中，只有銀杏與蘇鐵具有這個特性。

化石分析結果顯示，銀杏在古生代晚期的二疊紀，約二億八千萬年前，就已出現在地球上；到了恐龍興盛的中生代侏羅紀時，銀杏也愈來愈繁盛；直到中生代晚期，歐洲的銀杏與恐龍一起滅絕。

一六九〇年，德國的醫師肯普法（Engelbert Kämpfer）到日本長崎的荷蘭商館赴任時，發現長崎的寺廟裡居然種植著銀杏。

已滅絕的銀杏，為什麼會出現在長崎呢？原來，中國南部地區有許多銀杏在侏羅紀時期之後存活了下來，這些銀杏隨著佛教的傳播，一起經由九州來到日本，再度繁衍到日本各地。

好希望我的體內
也有化石喔。

09 地球是一顆大磁鐵嗎？

磁鐵的N極指向哪裡？

把棒狀磁鐵放在塑膠盤上，然後讓塑膠盤浮在水面上，看磁鐵會指向哪個方向，這樣的實驗，應該有不少人在小學的自然課裡做過吧？那時課本告訴我們「N極會指向北邊」，但嚴格來說，磁鐵N極的指向與真正的北方不完全相同。

隨著測量地點的不同，兩者的角度差異也會受到影響。把磁鐵放在東京時，N極會指向真北方偏西七度的方向，也就是說，N極所指的方向往東修正七度，才是真北方。磁鐵指向與實際方向的差異稱做「磁偏角」，距今三百五十年前，磁偏角與今日的方向相反，是偏東八度。

這是因為，地球的磁極（地球磁場的的N極與S極）會緩慢移動，又叫做

磁偏角

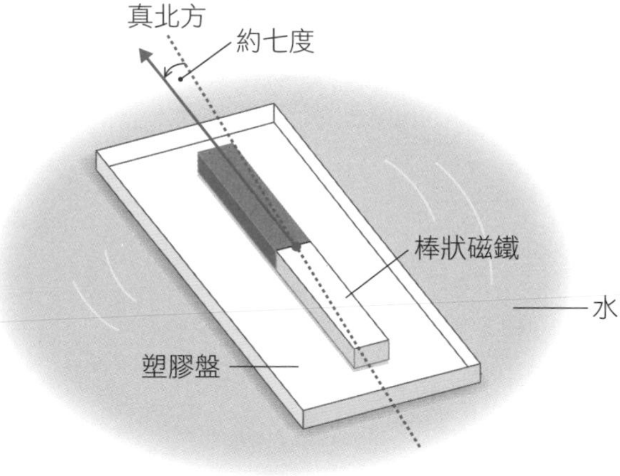

「地磁的長期變化」。這點程度的偏差，並不會影響到我們的日常生活，幾乎可以忽視。但如果要繪製地圖的話，這樣的偏差就相當致命了。

日本的地圖測繪家伊能忠敬，在兩百年前就畫出了相當精確、令人驚豔的日本地圖。在那個世人還不曉得磁偏角的年代，藉由觀測天體運動所定出的方位，以及由指南針定出的方位，兩者之間顯然會有很大的落差，在製作地圖上是個問題。

那麼，伊能忠敬是如何避免錯誤的呢？當時伊能先生徒步日本全國，去量測地形來繪製地圖，而地球的磁偏

傾角儀

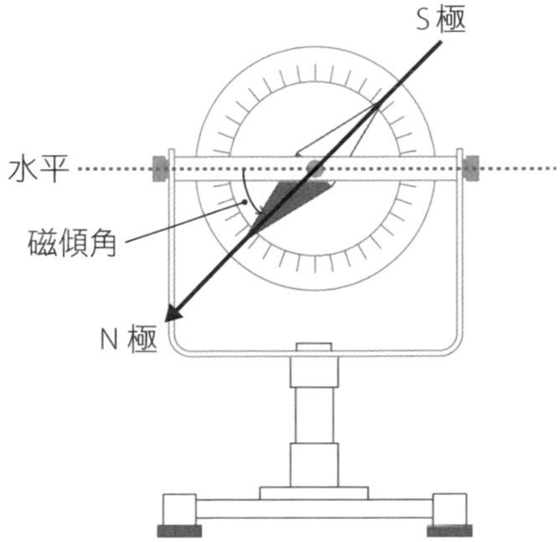

角正好開始由東往西移動。也就是說，在這個時期用指南針測得的北方與真北方，幾乎沒有差別，看來伊能忠敬不只擁有優秀的測量技術，他的運氣也很不錯呢。

指南針的小巧思

仔細觀察指南針內的磁針，會發現磁針並非水平，而是往一端稍微下傾。在北半球，磁針會往N極一端下傾，而南半球的磁針則會往S極一端下傾。所在地的緯度愈高，下傾的程度就愈大，這個下傾的角度就稱做「磁傾角」，一般會用傾角儀來測定磁傾角的大小。

日本東京的磁傾角約為五〇度，所以指南針的N極應該會下傾五〇度，但如果磁針過度傾斜，就會影響到磁針與支撐軸之間的運動，使磁針無法自由旋轉。為了防止這點，指南針的S極會做得比較重一些，使磁針能維持水平。

那麼，日本製的指南針可以在南半球使用嗎？實際將指南針拿到紐西蘭使用時，如前面提到的，S極一端會大幅下傾，令指南針無法旋轉。在南半球，因為S極一端下傾，所以指南針的N極需做得比較重一些。

北極的地球磁鐵是S極？

我們可以把地球想像成一個巨大的磁鐵，它吸引著指南針，使指南針的N極永遠指向北方。那麼，位於地球北極附近的磁極是N極？還是S極呢？「N是指North，所以北極是N極！」應該有不少人這麼想吧。

確實，指向北方的N源自North的首字母，指向南方的S源自South的首字母。但是，在北極附近的地球磁極其實是S極，在南極附近的是N極——回想一下磁鐵異極相吸的原理，就能明白為什麼會這樣了。也就是說，指南針上面的的N極會與位於地球北極的S極彼此吸引，因此指南針的N極會指向北方。

可能會有人問「既然如此，應該把指南針朝向北方的指針定為S極，不是更合理嗎？」（這樣北方的地球磁極就是N極）會這麼想也不奇怪。但事實上，在人們開始研究地球的磁極之前，便已將磁鐵朝向北方的一端命名為N極，朝向南方的一端命名為S極了。

當時的人們相信，磁鐵之所以會指向北方，是因為「北極星會吸引磁鐵」，或者是「地球北方有一座磁鐵組成的島」。

磁力線告訴我們什麼事？

如果把鐵砂撒在白紙上，並把棒狀磁鐵放在白紙下方，接著輕輕敲動白紙，紙面上的鐵砂會漸漸分布成連接N極與S極的磁力線圖案（圖a）。那麼，如果地球本身是一塊大磁鐵，周圍也同樣會存在著磁力線。

指南針的指向是沿著地球磁力線的方向轉動，所以我們可以從各地指南針的磁偏角與磁傾角，描繪出地球磁力線的方向（圖b）。愈接近地球北極，磁傾角

棒狀磁鐵的磁力線

a

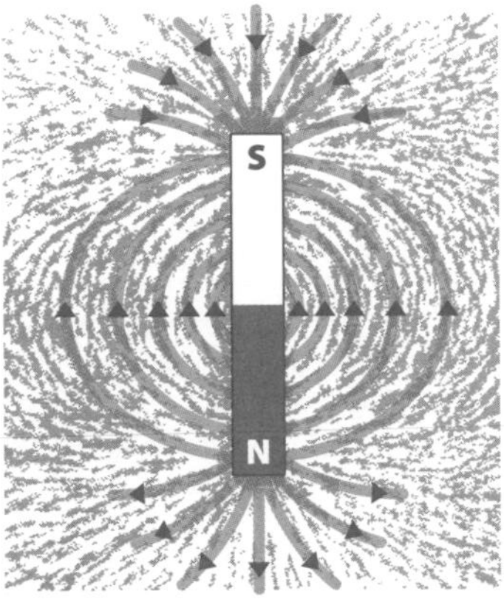

由磁傾角與磁偏角所得出的地球磁力線

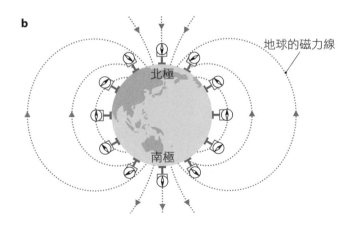

b

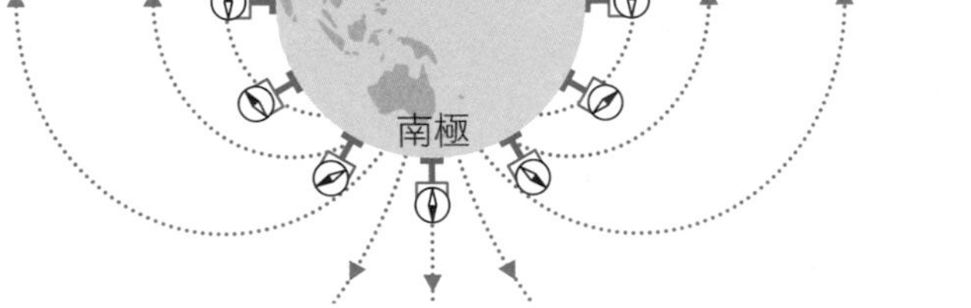

地球內部就像個棒狀磁鐵

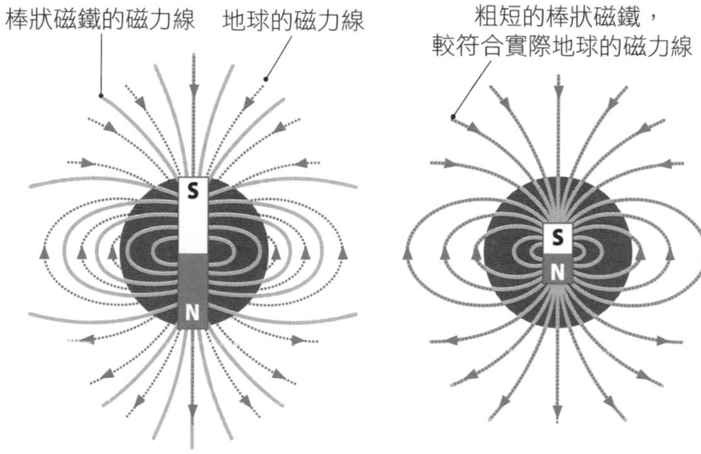

愈大，磁針愈指向地面。

試著把剛才的圖a與圖b重合（變成上圖）。如果讓磁鐵的長度等同地球的直徑的話，則從兩極到中緯度地區的磁力線，都沒有吻合；假如把棒狀磁鐵的長度縮短到等同地球的「地核」直徑，兩者的磁力線便趨向一致。由這個結果可以推論，地球的磁力可能是從地核而來。

地球是巨大的電磁鐵

過去，人們認為地核當中有一個永久磁鐵。確實，因為地核的成分含有鐵，所以有可能是永久磁鐵，不過

電磁鐵的原理與地球發電機理論

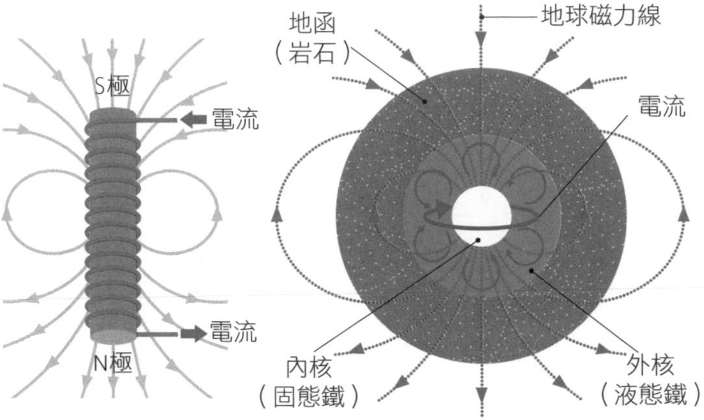

近年來，人們不再認同這種說法。

永久磁鐵的磁力會受高溫影響，當超過某個溫度後，就會失去磁性，這個溫度稱做「居禮點」。由鐵製成的磁鐵，居禮點為七七〇℃，然而地核的溫度在三〇〇〇℃以上，明顯高於居禮點，永久磁鐵不可能保有磁性。

也就是說，地球內部不可能存在永久磁鐵。於是，人們提出新的「地球發電機理論」，認為地核會自行發電產生電流，使地球變成電磁鐵。

一般的電磁鐵是用線圈纏繞鐵芯製成，通電後可產生磁場。地核的主要成分為鐵，外部地核為液態，內部地核為固態，因為鐵是導電金屬，在不斷流動之下產生了電流，當地球自轉或是地球內部熱對流的影響，使外核的液態鐵繞著內核旋轉，便讓地球的內核形成電磁鐵。

電磁鐵不會因高溫而失去磁性，再加上地球磁極的移動與反轉，也可用地核內部物質的對流來說明，所以發電機理論是目前解釋地球磁極最有力的理論。

地球以外的行星也有磁場嗎？

由NASA（美國太空總署）所發射的太空探測器的觀察，除了地球之外，太陽系的水星、木星、土星、天王星、海王星等行星都具有磁場。雖然月球、火星、金星如今並沒有磁場，不過在月球與火星的表面上有發現到永久磁化的岩石帶，所以在從前，它們可能也曾發生過像發電機理論這樣的磁力活動，而存在過磁場。

行星的磁場對行星本身有什麼影響呢？以木星為例，假設用行星中心的磁鐵來代表地球和木星的磁場，那麼木星磁鐵的磁力是地球的兩萬倍。如此強的磁力會吸引太陽風（帶電粒子），使木星出現大規模的極光，繞行地球的哈伯望遠鏡也可以觀測到這些極光。

科學家認為，木星的中心有一個質量為地球十到十五倍的地核，由岩石與冰構成，四周環繞著的地函是由液態的金屬氫所構成。金屬氫繞著地核旋轉時，便會產生發電機一般的效應。

10

地球的磁極正在反轉？

日本人的大發現

在我們的常識中，指南針的N極一直都指向北邊，S極一直都指向南邊。不過，有一個日本人推翻了這個常識，那就是地球物理學家，松山基範。

松山基範在一九二六年時，曾到日本兵庫縣的玄武洞，調查火成岩的熱殘磁性（參考第一九頁），他注意到火成岩的磁化方向與正常地球磁場的方向相反。如果這並沒有出錯的話，就顯示，過去曾有一段時期，地球磁場的方向和現在是相反的。

事實上，在松山基範發現這件事的二十年前，法國的地質學家，布容尼斯（Bernard Brunhes）就曾發現過類似狀態的岩石，但布容尼斯並沒有找到原因。

松山基範很積極研究熱殘磁性相反的原因。他前往國內外共三十六個地點調查火成岩，探索各種可能性，最後他認為「唯一的可能就是，地球的磁極曾經發生反轉」。

到了一九二九年，松山基範首度向全世界發表了地磁反轉的假說，然而他的假說幾乎沒受到任何關注。因為當時調查古地磁的技術尚未成熟，而且研究古地磁的科學家並不多，所以難以確認假說的真實性。

進入一九五〇年代後，古地磁學開始發展，陸續出現許多證據，證明了地磁曾經反轉，松山基範的貢獻才逐漸受到眾人認同。松山基範於一九五八年過世，不過一九六四年發表的地磁學年表中，列出了他與布容尼斯的名字。

從七十八萬年前到現在，是布容尼斯正向極性期；二百五十八萬年前至七十八萬年前，是松山反向極性期。

地磁反轉的歷史

近年來的研究，揭示了過去數億年來的地磁反轉歷史。根據調查發現，過

地磁反轉機制

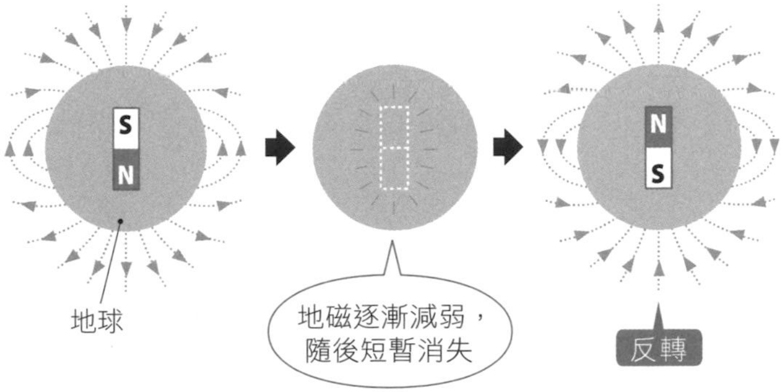

去的地球磁場曾多次反轉，現在靠近地球北極的磁極是S極，靠近南極的磁極是N極，為正向極性期；磁極反轉的時期則稱做負向極性期。兩者在歷史上出現的頻率大致相同，所以我們其實沒辦法說哪種才是正常情況、哪種是異常情況。拿最近的三百六十萬年期間來說，這段時期內地磁曾出現過十一次反轉，雖然我們可以準確定出反轉的年代，但每次反轉事件的間隔期間並沒有規律，所以我們仍無法推測出下次地球磁極反轉會是什麼時候。

但人們逐漸明瞭地磁反轉的機制。一般認為，地磁反轉僅需數百到數千年的時間，也有科學家認為所需的時間更短。

無論如何，與長達四十六億年的地球歷史相比，地磁反轉事件根本可說是一瞬間的事。

事實上，地磁反轉時，並不是磁極軸突然旋轉一八〇度，而是整個磁場愈來愈弱，磁場歸零以後，反向的磁場再逐漸增強。

值得一提的是，近兩百年間的地球磁場，正在逐漸減弱，如果這個狀態一直持續下去，再過一千年，磁場強度就會減為零。或許，我們就正在經歷地磁反轉當中。

磁場反轉的影響

地球的磁場可做為保護屏障，擋住太陽持續釋放出來的帶電粒子流（太陽風）。簡單來說，太陽風是放射線，會危害地球上的生命。因此，如果在地磁反轉過程中，磁場變得微弱，將嚴重威脅到地球上的生命。

不過，從生命誕生至今，地球上已發生過多次地磁反轉事件，也沒有證據表明，每次都出現生物大滅絕。人們推測，這可能是因為地球有大氣層覆蓋著，大氣層是阻擋太陽風的第二層屏障。

在極地看到的美麗極光，就是因為穿過地磁屏障的太陽風，在南北極與大氣層碰撞反應後，產生的發光現象。

這意味著，在地磁反轉的過程中，因為磁場變弱，太陽風會直接打在地球各地的大氣層上，這樣可能使得地球各處的上空變暖，而且天空都會出現如極光一般的光芒。

11

為什麼會發生大滅絕？

多次滅絕事件

恐龍曾是地球上最強大的生物，稱霸生物圈，但是，牠們仍在六千六百萬年前突然滅絕。各位知道嗎？其實這種大規模的滅絕事件，在地球過去的歷史中，早已發生過許多次。

在生物的滅絕中，由自然淘汰（天擇）所造成的滅絕稱做「背景滅絕」。另一方面，許多物種在某個時間點一起滅絕消失的現象，則稱為「大滅絕」。大滅絕並非天擇的作用，而是因為地球整體環境的劇烈改變。

過去地球上曾發生過多次大滅絕事件，這代表什麼呢？地球並不是一個保證安全的地方，即使是生存在現代的我們，也可能面臨大滅絕的危機。因此，研究過去的大滅絕事件，對於人類在地球上的生存是非常重要的事。

恐龍等古生物的大滅絕

古生代的寒武紀、中生代的侏羅紀，這樣的年代表示方式稱做「地質年代」。地層的地質年代可經由「指準化石」（可指示地層年代的化石。生存時間短，分布範圍廣）的種類來界定。

舉例來說，某個地層中含有大量的某種指準化石，但在下一個年代的地層中卻完全看不到，便可推測指準化石的生物曾經繁榮生長，但後來滅絕了。

進一步想想看，其實地質年代的數目，也大約顯示了大滅絕事件出現的次數，當然，各個年代的滅絕程度有高有低。歷史上有五次滅絕事件，一口氣消失的物種數量特別多，這五次滅絕事件特別被稱做「Big five」。

Big five中的最後一次大滅絕，大約發生在六千六百萬年前的中生代白堊紀晚期，當時約有七五%的物種消失，最主要的，就是從侏羅紀到白堊紀時期極為繁盛的恐龍。

大滅絕發生的時期

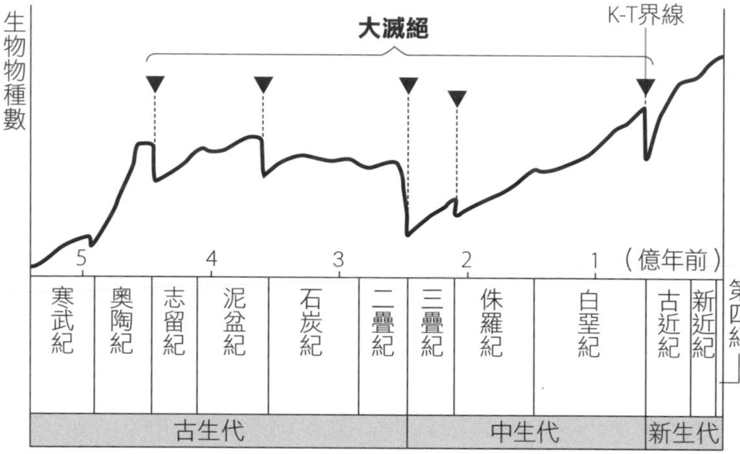

這場恐龍的集體滅絕是最著名的大滅絕，因為時間介於白堊紀（德文是Kreide，符號記為K）與古近紀（舊稱第三紀（Tertiary），符號記為T），因此也稱做K－T界線。

恐龍滅絕的原因眾說紛紜，科學家們一直沒有定論。後來，美國的地質學家沃爾特．阿爾瓦雷茨在義大利發現到，地質年代對應到K－T界線的薄黏土層。

他與曾獲諾貝爾物理學獎的父親，路易斯．阿爾瓦雷茨，一起分析黏土樣本，結果發現黏土層內的微量元素「銥」含量遠高於一般情況。銥這種元素幾乎不會出現在地表上，只有在地球深處或是從外太空來的隕石內，才富含銥元素。於是他在一九八〇年發表了「隕石撞擊說」，認為是隕石撞擊造成生物大滅絕。

但是，當年他沒有任何證據可以證明，恐龍滅絕時曾經有隕石撞擊地球，所以學界並不接受這個假說。不過到了後來，研究人員陸陸續續發現許多支持這個假說的證據，現在，隕石撞擊假說已經成為主流的觀點。

隕石撞地球會有什麼後果?

根據估計，六千六百萬年前墜落到地球的這顆隕石，直徑大小約為十公里左右。像日本東京的鐵路線「山手線」，大約就是一個長徑達十公里的橢圓形。

這顆巨大隕石以每秒約二十公里的速度衝入大氣層，表面溫度升到一萬℃以上，最後墜落在中美洲的猶加敦半島附近的海面。

隕石墜落當時，周邊海水因超高溫度瞬間蒸發、飛散，露出了海底；海底的岩石也迅速熔化、蒸發、飛散，海底變成像碗一樣的凹陷狀，形成深度達四十公里，直徑達七十公里的隕石坑。根據推測，當時飛濺起的物質甚至可以飛到太空之中。

同時，地面出現了規模十一以上的劇烈地震，能量相當於一千次東日本大地震，衝擊波與暴風如漣漪般從撞擊地點的中心往四周擴散開來，在衝擊波的影響下，隕石坑的脆弱外壁陸續崩落，使隕石坑愈來愈大，最後成為直徑超過一百公里的同心圓結構。

隨後，暴風捲起的熔岩陸續墜落，燒毀了許多地表的動植物。

而在海洋，隕石撞擊產生了第一波海嘯後，海水回流到已經升起的海底，同時對周圍的海水產生巨大的拉力，使陸地的海岸線大幅往海的方向前進。

之後，回到隕石坑內的海水不斷膨脹，又以更強的推力往周圍擴散，使全世界的海岸都受到大海嘯的侵襲。科學家估計，此時墨西哥灣沿岸的海嘯高度可達三百公尺。

這次衝擊所產生的能量，相當於十億個廣島原子彈。科學家認為，撞擊地點周圍的生物都因為灼熱、暴風、海嘯而一夕毀滅。

隕石撞擊所直接造成的影響平息後，還有後續的二次災害。撞擊事件所捲起的塵埃、森林火災產生的煤煙等，使照射地表的陽光減少至原本的一百萬分之一，世界陷入數個月的黑暗，植物因無法行光合作用而凍結，除了棲息在深海地區的生物以外，幾乎所有生物都因此而滅絕。

塵埃與煤煙中，較大的粒子經過數個月後會落到地面，較小的粒子則仍然停留在大氣層內，遮蔽日光，使地球面臨長達十年以上的寒冬，這個現象又稱做「撞擊冬天」。

即使當下沒有直接遭受隕石傷害，可是後續引起的地球環境的劇烈變化，仍然使許多生物無法承受而滅絕。

目前有什麼樣的危機？

隕石撞地球實在很恐怖，研究了隕石撞擊歷史後，不禁讓人想知道下一次撞擊發生在何時。

目前已知有許多天體的軌道與地球的軌道相交，不過也已確定這些天體暫時沒有碰撞的危險。然而太空中還有許多尚未發現的天體，所以要正確預測何時發生隕石撞擊，並不是件容易的事。

目前，NASA的「近地小行星追蹤計畫」正持續監控所有可能撞擊地球的天體。但即使發現了這樣的天體，目前也沒有能夠避免撞擊的具體方法。

而至今我們仍不曉得，K－T界線以外的其他生物大滅絕是出於什麼原因。除了「巨大隕石撞擊」之外，「大規模火山爆發」、「大陸分布變化」、「鄰近太陽系的超新星爆炸」等，也可能是其中的原因。如果將大滅絕比喻為「事件」，那麼我們就必須澈底調查每起事件的真相，以及事發經過，這樣才能在類似事件發生時逃過一劫。

另一方面，還有一些研究結果，也讓人覺得可怕。許多生物學家認為，我們人類的存在與行為，對地球環境以及其他生物，造成了直接或間接的巨大影響，生物大滅絕已悄悄進行著。

國際自然保護聯盟訂定的《IUCN紅皮書》所列出的瀕危物種，可能僅僅是冰山一角，一般認為，許多物種在被人類發現之前便已滅絕，這樣的物種滅絕速度遠遠超過天擇的速度。有人預測，未來三十年內會有二〇％的物種滅絕，百年內會有五〇％的物種滅絕。

除了擔心天然災害的威力引起生物大滅絕之外，或許我們也該開始思考，人類的生活對自然界造成的影響。

12 地球曾是一顆大雪球？

連赤道地區都結凍的究極冰河期

你有聽過「雪球地球」假說嗎？雪球地球也被稱做「全球凍結」，是指大部分地表都被厚厚一層冰覆蓋的現象。這個想法由美國的地質學家約瑟夫．柯什文克（Joseph Kirschvink）於一九九二年首次提出；到了一九九八年，加拿大的保羅．霍夫曼（Paul Hoffman）發現了相關證據，因而受到矚目。

根據假設，地球過去曾經歷過三次全球凍結事件，包括約二十三億年前的休倫（Huronian）冰河期、約七億年前的斯圖特（Sturtian）冰河期，以及約六億五千萬年前的馬里諾（Marinoan）冰河期。

全球凍結的過程

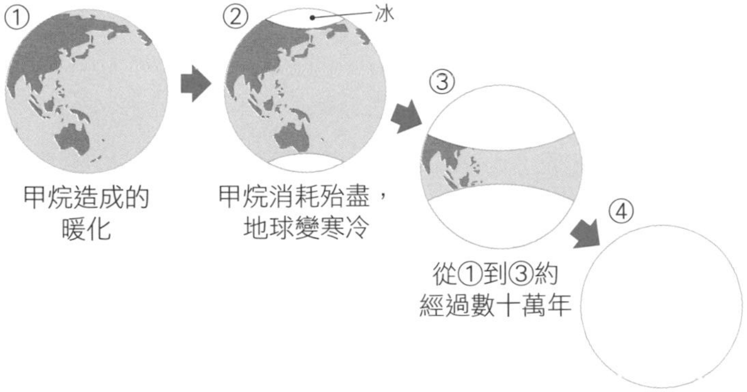
從③之後數百年內，全球凍結

全球凍結的景象

地球是怎麼演變成全球凍結的呢？至今我們仍沒有定論，目前最為眾人接受的說法是，甲烷冰的作用。堆積在海底的浮游生物遺骸，被微生物分解後，會產生甲烷氣體，而這些甲烷在海底凍結，形成了甲烷冰。

由於甲烷的溫室效應是二氧化碳的二十倍，如果甲烷因為某種原因從海底溶出來，釋放到空氣中，就會造成地球急遽暖化。

當全球迅速暖化，會促進大氣內的水循環，加速陸地的風化與侵蝕作用，使岩石中的大量離子流入海中；海中的離子發生化學反應，使二氧化碳轉變成石灰岩等礦物，被固定在海底，因而令大氣中的二氧化碳濃度下降。

最終，當海中的甲烷冰消耗完，釋放出的甲烷氣體也被分解掉，大氣中的二氧化碳與甲烷濃度便會明顯下降，使地球急速冷卻。經過數十萬年，覆蓋大地的冰層將從極地一直擴散到緯度三〇度附近；這些冰層的光滑表面又會把大部分的陽光反射回太空，所以一般認為，在冰層擴散到緯度三〇度後，在數百年內就會造成全球凍結。

雪球解凍的過程

全球凍結的當時，平均氣溫為零下四〇℃（赤道附近為零下三五℃，極地附近為零下五〇℃）。不過，即使在如此嚴寒的環境下，地球上的水也並沒有全都凍結成冰，在海冰底下與火山帶周圍的水仍免於凍結，保持液態。

人們相信，有些生物在這些綠洲般的地方得以倖存下來。雖然說是生命，但其實在休倫冰河期，存在地球上的是細菌這樣的生物，在斯圖特冰河期與馬里諾冰河期時，主要也是單細胞生物。

那麼，地球是如何脫離全球凍結危機的呢？原來地球的火山會一直排放出火山氣體，而火山氣體內就包含二氧化碳。

一般狀態下，陸地的岩石受風化、侵蝕後，大量離子會經由河川流入大海，與海水中的二氧化碳作用，形成石灰岩，固定在海底，所以大氣中的二氧化碳濃度不會無止盡的增加。

不過，當地球表面被冰層覆蓋時，便不會發生風化、侵蝕作用，也就無法固定二氧化碳，那麼大氣中的二氧化碳濃度就會逐漸上升。當二氧化碳濃度達到現在的四百倍（佔大氣的十二％）時，冰層便會因為強力的溫室效應而融化。

這時候，地球的溫度逆轉，突然進入極端溫暖期，平均氣溫大約達四〇到五〇℃（赤道附近為七〇℃，極地附近為三〇℃）。經過數十萬到數百萬年後，二氧化碳逐漸被消耗掉，才回到平常的穩定溫暖期。

雪球災害帶來的變化

雪球地球事件，為地球上的生物帶來了驚人的影響。在距今二十三億年前的休倫冰河期之前的生物，大多是不利用氧氣呼吸的「原核生物」；但經過全球凍結後，陸續出現了進行有氧呼吸的「真核生物」。

在距今六億五千萬年前的馬里諾冰河期之前，以「單細胞生物」為生物圈的主角；經過全球凍結後，各式各樣的大型「多細胞生物」紛紛出現。

這是因為，全球凍結所造成的「瓶頸效應」，推動了生物的演化。發生全球凍結時，生物圈受到了毀滅性的打擊，使生物大量減少，也就是所謂的大滅絕；原本穩定的生態系中多出更多空間來，那些演化出新基因的生物，就有大量增殖的機會。生物個體數大幅減少後，留下來的生物再次增長，成為新的生態系，這就好像東西通過窄窄的瓶頸時一樣，通過的東西會與一開始的組成不同，這就是所謂的「瓶頸效應」。

雪球地球的另一影響，則是營養物質的大量供給。全球凍結時，雖然海洋表面覆蓋冰層，但海底火山仍會活動，這使營養物質持續累積在海底。脫離全球凍結狀態的地球，溫度高、二氧化碳濃度高、營養物質豐富，相當適合那些行光合作用的生物繁衍。由於光合生物以驚人的速度進行光合作用，使得大氣中的氧氣濃度急遽上升，最濃時，曾達到三五％。因此，生物們得以利用高濃度的氧氣，朝著不同方向，演化出各式各樣的面貌。

要是過去地球不曾發生過全球凍結，至今仍可能只有細菌生存呢。對生物來說，雪球地球可說是「危機帶來的轉機」。

Part 2

有趣的氣象小知識

hPa

01

拔開浴缸塞子後，漩渦會往哪個方向轉？

赤道上的「科氏力實驗秀」

水、空氣等液態和氣態物質，如果像陀螺一樣的繞圈打轉的話，就會形成「漩渦」。例如，我們拔掉浴缸的塞子，會發現排水孔的周圍出現漩渦，就是因為水在旋轉。當速度不同的水流彼此碰撞時，會從接觸面開始旋轉，進而形成渦流。

有一個恰好位於赤道上的小鎮，經常舉辦一種特別的活動，稱做「科氏力實驗秀」。

實驗秀上的科氏力解說員會說出如下台詞「赤道通過我們所在的地點，這一邊是北半球，那一邊是南半球。科氏力會讓南北半球的漩渦往不同方向旋轉，不

科氏力實驗秀

過，要距離赤道二十公尺以上，科氏力才會發揮作用。」

科氏力解說員會準備一個底部開洞的容器，以及一根火柴棒。一開始，他先用手指塞住容器底部的洞，然後注水到容器內；接著放開手指，並將火柴棒放在水面上，然後，火柴棒就會順著漩渦的方向開始旋轉。北半球是逆時鐘旋轉，南半球則是順時鐘旋轉。

「這就是科氏力的證明！」解說員的目的是在實驗結束後，向觀眾兜售「赤道證明書」。那麼，這個「科氏力實驗秀」是真的嗎？或者只是一種把戲呢？

歸根究柢，「科氏力」又是怎麼回事呢？

颱風是一個低氣壓漩渦

在天氣預報中，我們常會聽到低氣壓、高氣壓之類的專有名詞，低氣壓區域的氣壓比周圍地帶低，高氣壓區域則是氣壓比周圍地帶高。天氣圖中會以H、L來表示高、低氣壓的位置，而氣壓相等的地點，會用線段連接成等壓線，由等壓線可以看出氣壓的高低分布情況。通常，兩個相鄰等壓線的氣壓相差四百帕，有時候每隔二十百帕的等壓線會用粗線表示。等壓線愈密集的地方，氣壓差就愈大，風也愈強。

由於風會從氣壓高的地方往氣壓低的地方吹，在沒有其他作用力的影響時，風會沿著等壓線的垂直方向吹送；但實際上有外力的影響，所以風向會偏轉。

在北半球，原本應該由北往南吹的風會往西偏，所以北半球低氣壓內的風會以逆時鐘方向旋轉；南半球則相反，原本由北往南吹的風會往東偏，所以低氣壓內的風會以順時鐘方向旋轉。

科氏力影響風向

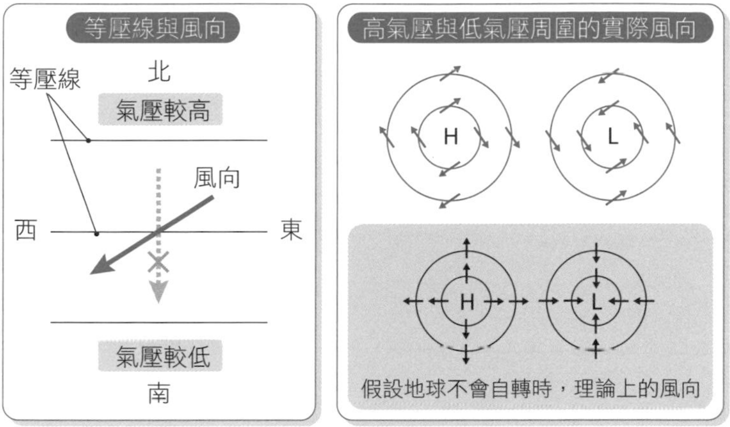

颱風就是一個很大的低氣壓。從氣象衛星的照片可以清楚看出，北半球的颱風是一個呈逆時鐘方向旋轉的漩渦。低氣壓周圍的風之所以逆時鐘旋轉，是因為地球自轉所引起的作用。

地球每二十四小時自轉一圈。赤道一圈的距離為四萬公里，所以赤道上的人會以每小時約一千七百公里（＝四萬÷二十四）的速度移動。

以日本東京為例，東京繞地軸轉一圈的圓周長為三萬三千公里，所以速度為每小時約一千四百公里。但實際上，因為地球的大氣也一起被地球帶動，所以地表上的人類不會感覺到自己正在快速移動。

綜合以上所述，東京的自轉時速比赤道還要慢三百公里。在北半球，離北極愈近（南半球則是離南極愈近）的位置，自轉速度愈慢。

這種受自轉影響的慣性力，就是前面提到的科氏力（出自法國的物理學家科里奧利）。因為地面的旋轉速度有差別，所以風向也會出現偏離。

赤道附近的日照很強烈，被加熱的空氣會膨脹，形成上升氣流，使得地面氣壓降低；於是，在低空處，來自溫帶的風會往赤道吹。如果在北半球，往赤道吹，也就是往南吹的風，會在科氏力的影響下往西偏，這就是常說的貿易風（信風）。貿易風與洋流有著密切關聯，換句話說，科氏力不只會影響風，也會影響海水。

科氏力實驗秀的真相

受到科氏力的影響，風與水的漩渦轉向，在北半球與南半球是相反的，這似乎是事實。那麼，在赤道上進行的科氏力實驗秀又如何呢？

問題在於，在距離赤道只有二十公尺的地方，科氏力的影響真的有那麼明顯嗎？科氏力在南北極的影響最大，在赤道上則近乎於零。而且當一個物體的運動時間、運動距離愈長，受到科氏力的影響就愈大。

實驗秀所使用的容器相當小，水的速度又太快，其實不容易顯示出科氏力的效應。再說，距離赤道二十公尺處的地方，科氏力實在微乎其微。

在實驗秀一開始的注水階段，實驗者會先大力注入一些水，照著他想要的方向形成漩渦，然後才輕輕添入剩下的水，此時水面看似靜止，但底下的水已形成漩渦，接著實驗者再將堵住容器底部孔洞的手指放開，就可以做出科氏力的效果了，所以實驗秀單純只是個把戲而已。

那麼，在較高緯度的日本，用比實驗秀的容器還要大上許多的浴缸，來做實驗的話，漩渦會往哪個方向轉呢？

實際操作後會發現，漩渦可能會順時鐘轉，也可能會逆時鐘轉。

如果排水孔在浴缸的正中間，而且是均勻穩定的實驗環境，在水面靜止時輕輕的取下塞子，那麼水流可能會受到地球自轉的影響，以逆時鐘轉。不過，光是拔開塞子這個小小的動作，就遠遠大於科氏力的影響；而且，浴缸的排水孔通常不會位於中央，而是在角落，並且周圍還會有些傾斜、讓孔洞位在凹陷處。

儘管水流會受到地球自轉輕微的影響，但浴缸的環境或設置條件，對水流方向的影響力遠遠大過地球的科氏力，所以可能會順時鐘轉，也可能會逆時鐘轉。

02 為什麼颱風常發生在夏天？

颱風的誕生地

侵襲日本的颱風，大多誕生在赤道附近的北太平洋西部熱帶海面。這個區域在夏天有強烈的陽光照射，讓溫暖海面的水分劇烈蒸發，使空氣中含有大量水蒸氣，然後在大氣中形成上升氣流，進一步形成熱帶低氣壓。

顧名思義，熱帶低氣壓就是在熱帶誕生的低氣壓。

上升氣流的空氣密度小、壓力低，而上升到高處的水蒸氣又會因遇冷而凝結成雲，這時會再釋放出大量的能量。想想看，液態水加熱後會變成水蒸氣對吧，所以相對的，水蒸氣凝結成液態水時，會釋放出熱能。

熱能會使上升氣流變得更暖，密度更低，雲團也更加發達，釋出更多能量。

水的變化與熱能

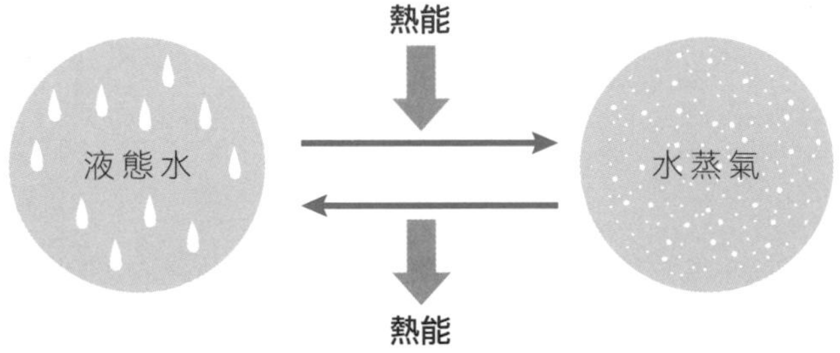

在這種正向回饋的效應下，中心氣壓會愈來愈低，進一步發展成巨大的熱帶低氣壓。

當熱帶低氣壓發展到中心風速超過秒速十七．二公尺時，便稱做颱風。在北太平洋西部海域，每年平均有二十到三十個颱風生成。而海上的颱風登陸後，因為失去水蒸氣提供的能量，強度會大幅衰退。

如同前面提到的，在北半球，地球自轉產生的慣性力（科氏力）會使颱風以逆時鐘方向旋轉。

颱風的路徑上有各方勢力

剛形成的颱風位於緯度較低的區域，會受到貿易風影響而往西前進。從前哥倫布的帆船，就是乘著這個貿易風往西前進，橫渡大西洋。

往西吹到沖繩群島東部的颱風，會順著太平洋高氣壓邊緣的氣流北上，接著又順著吹向日本的盛行西風（發生在中緯度地區，由西向東吹的風，參考第一〇五頁）而靠近日本，或者登陸日本。

太平洋高氣壓與盛行西風的強弱會隨著季節而改變。在六到八月的期間內，盛行西風較弱，太平洋高氣壓的勢力較強，可擴張到中國大陸一帶，所以颱風大多會沿著太平洋高氣壓的西部邊緣，前進中國大陸。

炎熱的夏天過後，太平洋高氣壓的勢力逐漸減弱，盛行西風逐漸增強，令颱風的前進方向逐漸北轉，所以八到九月的颱風常會直接襲擊日本。★

十月以後，颱風路徑會更加往東偏，通常從日本南部海面通過。

像颱風這種挾帶暴風雨的熱帶氣旋，不只出現在北太平洋西部海域。颱風

★編註：侵襲臺灣的颱風發生在七至九月的頻率最高，大都來自北太平洋西部，部分來自中國南海海面。通常路徑是經過臺灣東部後，轉往東北方向到日本，或是從臺灣南部經過，直撲中國。

颱風路徑

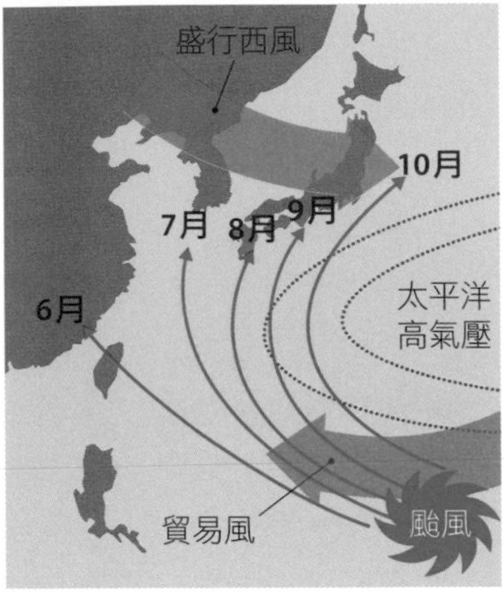

的兄弟還有誕生在北大西洋南部的「颶風」，以及侵襲印度、澳洲東側的「氣旋、氣旋風暴」等。

順帶一提，海上的氣象資訊會以蒲福風級來分級，風速大於秒速三十三公尺的氣旋，才稱為颱風。

注意颱風路徑的右側

既然北半球的颱風以逆時鐘方向旋轉，所以，颱風右方的風速，是颱風本身風速與颱風前進速度的加總，風力相當強勁。也因此颱風路徑的右側又叫做「危險半圓」。

相反的，颱風左方的風速，是颱風本

身的風速減去颱風的前進速度，兩者抵銷後，風力相對弱了許多。知道這點後，在颱風靠近時，你就能預測接近自己所在位置的颱風，是風速更強或較弱的。

怎麼判讀颱風預報

出現颱風時，我們可以在天氣預報中看到「路徑預測圖」（以虛線描繪的圓，表示颱風中心未來可能的落點）。隨著颱風的前進，虛線圓圈會愈來愈大，或許有些人會以為這表示颱風會成長得愈來愈大。

但這其實是個誤解。圓圈並不是用來表示颱風的大小，而是表示在某個時間點，颱風中心有七〇％的機率會進入的範圍。另外，有時氣象資訊中還有「警戒區域」，是在路徑預測的基礎上，颱風的暴風圈（以七級風或十級風的風速界定）可能涵蓋的範圍。

因為這有機率成分，隨著預測時間愈長，不確定性會愈來愈大，所以路徑預測範圍與警戒區域也會愈來愈大。注意這並不是因為「颱風勢力會愈來愈大」，而是因為「愈久以後的颱風，位置愈不確定」。

以日本的氣象資訊來說，可以從路線預測圓圈與警戒區的差距，判斷颱風未來會增強還是減弱。這段差距就是颱風的暴風圈半徑。

如果兩者差距變大，就表示「暴風圈會擴大」，代表氣象單位預測「颱風未來會增強」；相反的，若兩者差距變小，就表示暴風圈會縮小，也就是氣象單位預測颱風未來會減弱。

03 今天看到漂亮的晚霞，明天便會放晴？

先來認識盛行西風

不論哪個季節，地球的地表或高空一直存在著三種風。

第一種是赤道附近（低緯度地區）的貿易風（信風）；第二種是接近極地（高緯度地區）的極地東風；第三種則是中緯度地區的盛行西風。

顧名思義，盛行西風是由西往東吹的風，而另外兩種風則是由東往西吹。因為日本國土多位於中緯度（三〇到六〇度），所以屬於盛行西風區域。

盛行西風的產生，是因為赤道附近的溫暖空氣，以及南北極附近的寒冷空氣，具有溫度差異。赤道高空的溫暖空氣會往南北極吹去，此時，由地球自轉

大氣環流

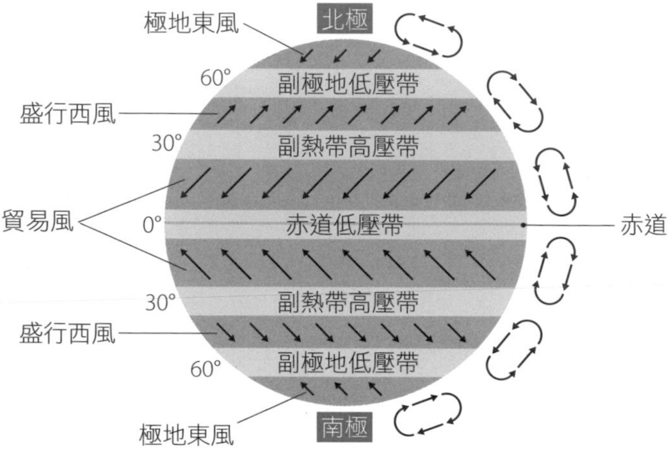

所產生的科氏力會影響風向，使它往東偏，就形成盛行西風。

這三種風是地球上規模最大的風，會顯著影響天氣變化。

因為日本主要位於盛行西風帶，所以天氣的變化方向會從西往東，日本人常可在天氣預報中聽到「天氣由西往東轉壞」、或者是「天氣由西往東轉好」之類的話。

日本附近的高氣壓與低氣壓的移動速度約為每天一千公里。舉例來說，若想知道東京明天的天氣如何，只要參考在東京西方一千公里的福岡，它目前的天氣就可以了。

從連續天氣圖也可看出，即使高氣壓、低氣壓的形狀可能發生改變，也總是由西往東移動。

盛行西風對飛機的影響

盛行西風在冬季較強，夏季較弱，主要出現在對流層上層，距離地面八到十六公里的地方。隨著高度升高，風速愈強，在靠近平流層附近的風速最大，這種強勁的風也稱做「噴射氣流」，風速可達每秒一百公尺。

搭乘飛機時，可以明顯感受到盛行西風的存在。因為空氣阻力是飛機飛行時的一大阻礙，所以飛機會盡可能升到空氣較稀薄的高空來飛行；然而，如果飛機遇到盛行西風帶這種氣流強勁的區域，順風飛行與逆風飛行，分別會造成什麼樣的影響呢？

舉例來說，有一班飛機從東京成田機場出發，飛越太平洋，前往美國紐約，這班飛機剛好可以順著盛行西風往東飛，大約需要十二小時十五分即可抵達；反過來，從紐約行經同樣路線回到成田機場的飛機，則是逆著盛行西風飛行，則需要十四小時才能抵達。

雖是相同的距離、相同的路線，去程與回程卻會差到一小時四十五分。當然，飛機的飛行路線會隨著當天情況調整，盛行西風的強度與盛行區域也會有所變化，但是飛航總是多少會受到盛行西風的影響。

就算只是日本的國內線班機，羽田－福岡，往東飛的飛機也會比較早抵達。

晚霞如何形成

自古以來，日本人會將自然現象或生物行為與天氣變化連結在一起，說出「發生了某某事，天氣就會如何如何」之類的話，這些話又叫做「天氣諺語」。

例如在日本有一個天氣諺語「出現晚霞的隔天會是好天氣★」。要是傍晚時分，在西方天空看到晚霞的話，隔天很有可能會是晴天。

首先來談談晚霞是怎麼發生的。

天空一般是藍色，但愈接近傍晚，夕陽附近的天空便逐漸染上紅色。是否形成晚霞，與陽光通過的大氣層厚度，以及大氣層內的塵埃量有很大的關係。

晚霞的形成

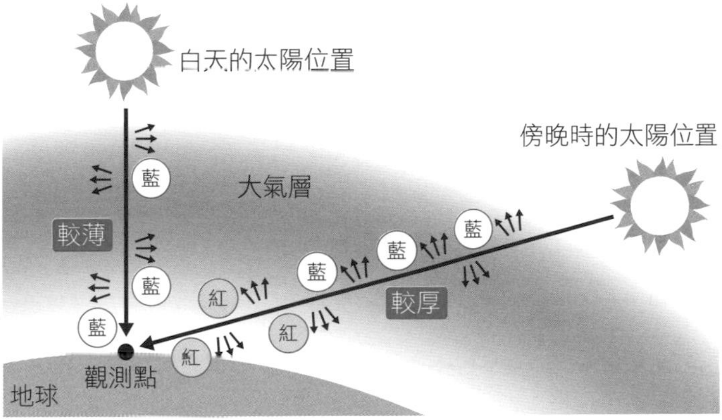

白天時，太陽照射的角度較高，光線穿過大約五百公里厚的大氣層後，便抵達地表；但到了傍晚，太陽以低角度斜照，經過大氣層的路徑變長為好幾倍，光線才會抵達地表。

陽光是各種色光（不同波長）的組合，其中接近藍色的光因為波長短，容易被空氣分子或塵埃散射（吸收光之後，再往四面八方輻射出）掉；經過了厚厚大氣層，剩下到達地面、人眼視線附近的光線，主要是波長較長，不易散射的紅光、黃光，因此夕陽呈現紅色，周圍的雲層也

★編註：中文也有類似的諺語「朝霞不出門，晚霞行千里」，不過還是中緯度地區較為適用。

被染成紅色，形成晚霞。

如果我們能看到漂亮的晚霞，就表示西邊的陽光順利穿過了含有大量塵埃的大氣層，抵達地面人們的眼中；換句話說，這個區域的西方天空一片晴朗，沒有雲雨。因為日本的天氣會由西而東漸變，所以日本人會說「出現晚霞的隔天會是好天氣」。

順帶一提，日本有人實際調查「出現晚霞的隔天會是好天氣」這句天氣諺語準不準。結果發現，在四月到十一月的區間內，有七〇％的機率是對的。

不過在夏天，海洋的高氣壓增強；冬天時，大陸的高氣壓增強。在這些因素下，這句天氣諺語就不太準了，特別是冬天，幾乎都預測錯誤。

善變的秋天

日本還有一句諺語「女人就像秋日的天空」，描述秋天的天氣與女人的心，一樣都很善變。

日本的秋天，很少出現持續一週的晴天，通常在晴朗一兩天之後，就會開始下雨，然後再放晴。夏天時除了偶有雷陣雨之外，大多為晴天；冬天的話，在太平洋側大多是乾燥的晴天，而日本海側則經常下雪。夏天與冬天時，天氣型態比較穩定。

那麼，為什麼秋天的天氣如此善變呢？

這是因為，低氣壓的路徑會因為季節而南北移動。夏天時，整個日本列島都被太平洋高氣壓覆蓋，不會有低氣壓經過，這時鄰近的低氣壓大多會前往西伯利亞與鄂霍次克海一帶。

到了秋天，太平洋高氣壓漸弱，低氣壓的路徑便南下到日本列島，造成日本列島降雨；另外還會有「移動性高氣壓」通過，這時則是放晴的日子，所以造成秋天多變的天氣。

其實春天的天氣也相當善變，低氣壓與高氣壓也經常交替通過日本，與秋天相同。所以每逢春秋兩季，難得的週末，卻常因為下雨而無法外出。低氣壓通常會每隔三四天通過日本一次，所以要是某個週日下雨，下個週日、甚至是下下個週日通常也是雨天。

氣溫寒暖的變化也依循著相同的週期。在低氣壓來臨前，氣溫會因為南風的吹拂而上升；低氣壓通過後，則會因為吹著北風而降溫。在秋季時，天氣忽熱忽冷，讓人容易感冒，也常難以選擇服裝；看到枯枝與落葉的景象，讓人覺得冬天即將來臨時，又會出現好幾天溫暖的日子，就這麼乍暖還寒一陣子之後，才真正進入冬天。

隨著太陽位置的不同，光的顏色看起來也不一樣，好神奇！

04 乘著噴射氣流前進的炸彈

軍隊的祕密武器

第二次世界大戰中，節節敗退的日軍採用了名為「氣球炸彈」的戰術，打算用這個祕密武器來擾亂美國本土的運作。為了攻擊美國本土，日本在氣球下掛炸彈，使它順著噴射氣流（盛行西風）前進，數日後便可飛抵美國。

一九四四年秋天到一九四五年春天，日本一共釋放了約九千個氣球炸彈，其中有數百個氣球飛到了美國本土。

人們那時已經知道，在秋天到冬天這段期間內，日本上空會吹起強烈的盛行西風。當時日本筑波市有一個專門觀察高層大氣的氣象站，氣象站的站長大石和三郎，在軍方的要求下，不眠不休的研究空中的大氣流動。

當時觀測到，位於太平洋上空的冬季盛行西風（噴射氣流）

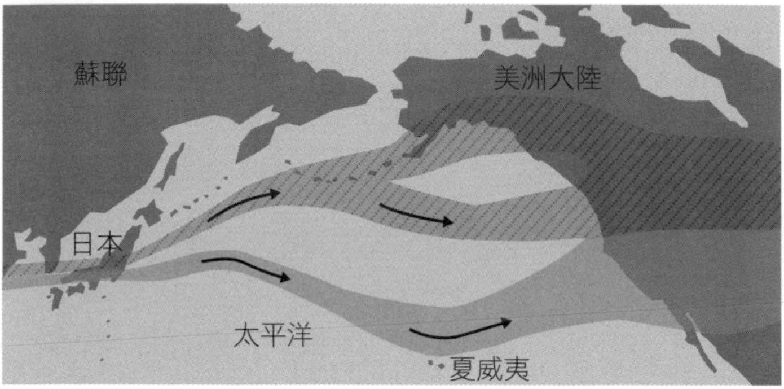

結果發現，在冬天，時速超過二百公里的西風，會沿著兩種路線從日本吹到北美，如上圖所示。

於是日本軍方打算利用西風吹拂，運送氣球炸彈去攻擊美國本土，名為「ふ號作戰」。

氣球炸彈釋放地的碑文

日本茨城縣北茨城市大津町的五浦海岸，曾是氣球炸彈釋放地，那裡立了一個紀念碑。

碑文中詳細介紹了氣球炸彈是什麼樣的武器（以下為實際碑文加上標點符號後的文章）。

在昭和十九年十一月到昭和二十年四月之間，這一帶曾是釋放飛往美國本土之氣球炸彈的地點。

後方的低矮山丘間，過去曾設置了釋放平台、軍舍、倉庫、氫氣罐等，現在已復原成水田。

氣球炸彈是極機密作戰，也稱為「ふ號作戰」。除了這裡之外，福島縣的勿來關山腳與千葉縣的一之宮海岸也曾是氣球炸彈釋放地。不過，直屬於大本營的部隊本部設於此地，所以此地可以說是氣球炸彈的作戰中心。

從晚秋到冬天期間，在太平洋上空八千公尺到一萬二千公尺高度的平流層底部，會吹起盛行西風，最大風速可達每秒七十公尺，這就是所謂的噴射氣流。

氣球炸彈約經歷五十小時後可抵達美國。此時，氣球上的精密電子裝置會投下炸彈與燒夷彈，利用和紙與蒟蒻漿糊製成的直徑十公尺大氣球，則會自行燒毀。

第二次世界大戰中，許多氣球炸彈從日本本土飛到了一萬公里遠的美國，是個超長距離的轟炸行動。這在世界史上也是個難得一見的紀錄。

日本總共釋放了約九千個氣球炸彈，有三百個左右抵達美國。

氣球炸彈在美國造成的死傷不多，卻引起了森林大火，以及電線故障，使原子彈的製造延遲了三天。

奧瑞岡州也立了一座紀念碑，紀念因氣球炸彈而死亡的六名逝者。

華盛頓的博物館內，陳列著一個未爆炸的氣球炸彈，相當引人關注。

然而戰爭是徒勞的、短暫的。

讓我們一起努力，避免戰爭再度發生吧。

在釋放氣球炸彈的那天，此處也因為爆炸事故而有三人戰死。此事應銘記於心。

在永恆歷史的一隅中，發出像燻銀一樣的微光，如夢一般的痕跡，供人追憶。

昭和五十九年十一月二十五日建碑

這種特殊氣球的球皮是用五層和紙黏成，和紙的原料是構樹的纖維，而漿糊則由魔芋（蒟蒻）調製而成。由於黏合步驟相當複雜，對緻密度的要求很高，當時動員了許多女學生與女子挺身隊★協助氣球的製作。

據說那時候人們還不知道如何把蒟蒻製成食品，所以它當然也沒有做為關東煮的食材。

氣球的續航力

即使確認了盛行西風的存在，但並不是將氫氣灌入氣密性高的氣球內，然後用氣球吊起炸彈，升到高空，之後就會運送到美國，這不是這麼簡單的事。

想要讓氣球確實飛到遠方，如何度過夜晚會是一大難題。到了晚上，高空氣溫下降，氣球本身會收縮，浮力減小，而氫氣也會逐漸洩漏。

因此，氣球炸彈上需設有某種裝置，在浮力減小時能自動拋棄重物，使氣球

★譯註：由日本軍方動員的女子勞工，在各軍事工廠勞動。

氣球炸彈的簡易圖示

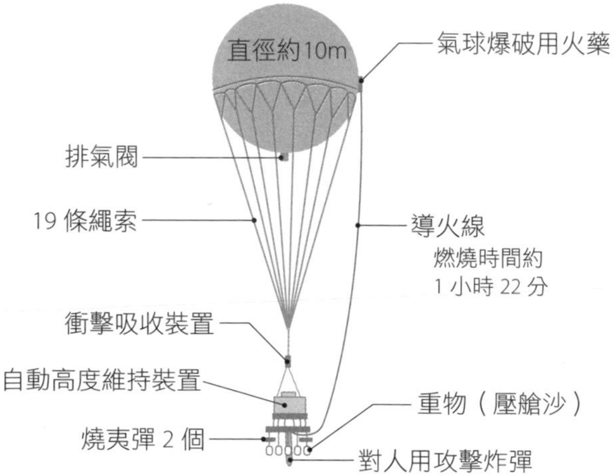

維持在一定高度飛行。於是研發人員在氣球炸彈上裝了氣壓計，當氣球下降到某個高度，氣壓計會感應到氣壓變化，並驅動齒輪開啟某個開關，將綁住重物（壓艙沙）的繩子燒掉，使重物掉落。

當時美國最擔心的，是氣球炸彈內可能含有傳染性細菌。因此他們委託地質學家分析壓艙沙。研究人員從沙子的礦物成分比例，分析出沙子的採集地點，最後縮小範圍到日本的五個地方。

於是美國派出偵察機，終於尋找到釋放炸彈氣球的地點。結果，一直到戰爭末期，幾乎所有的氣球炸彈在上升途中就被美國的戰鬥機擊落。

邁向和平

戰後不久，在美國奧瑞岡州，有一位牧師娘帶著五名教會學校的孩童，一起到森林裡野餐，卻不慎引爆了一顆纏繞在樹上的氣球炸彈，造成六人全數死亡。

當時因為美國完全管制氣球炸彈相關事件的報導，因此過了許多年，這個消息才傳到日本。戰時負責黏合氣球外皮的女學生們，多年後知道這件事，感到相當心痛，曾前往美國悼念。對於遠道而來的她們，美國的家屬致上了這段話「彼此原諒，才能邁向和平」。

05 為什麼零食包在山頂時會膨脹？

我們生活在大氣層的底部

地球是一顆被氣體包覆的行星，這層氣體就稱做「大氣」，分布在地表到高空五百公里處，範圍相當廣。不過為了方便起見，我們常會以地表以上八十到一百二十公里處為界線，將這個高度以上的範圍稱做「太空」，以下的範圍稱做「大氣層」。高度愈高，大氣也愈稀薄。

事實上，這層大氣（空氣）也具有重量（質量）。

一平方公分地面上的空氣重量，略大於一公斤（一〇三三・六克），這就相當於我們用單手手掌承受著約一百公斤的重量，想像一下，我們每個人的手掌上都站著兩個體重五十公斤的人，你可能覺得很驚訝，空氣意外的相當重呢。

承載大氣的接觸面會受到來自大氣的壓力，就是我們常說的「大氣壓力」。我們一般生活的海拔〇公尺，平均氣壓就是一個標準大氣壓，國際上則會用壓力的標準單位——帕斯卡（Pa）來表示氣壓的大小。

一個標準大氣壓為一〇一三〇〇帕斯卡，因為這個數字太大，用起來不方便，所以常會換算成百帕（hPa）。一百帕＝一〇〇帕斯卡，所以一個標準大氣壓＝一〇一三百帕。在天氣預報中常可聽到這個單位對吧。

順帶一提，氣壓並不只是由上而下的壓力，也會由左而右、由右而左、由下而上施加壓力。

試試寶特瓶收縮實驗

如果你手邊有空寶特瓶的話，不妨試看看這個實驗。

在寶特瓶倒入一些熱水，過一陣子後關緊蓋子。接著用自來水沖洗瓶子讓它冷卻，此時寶特瓶會發生什麼事呢？

寶特瓶應該會突然「啪」的一聲，縮成一團。

寶特瓶收縮的原因

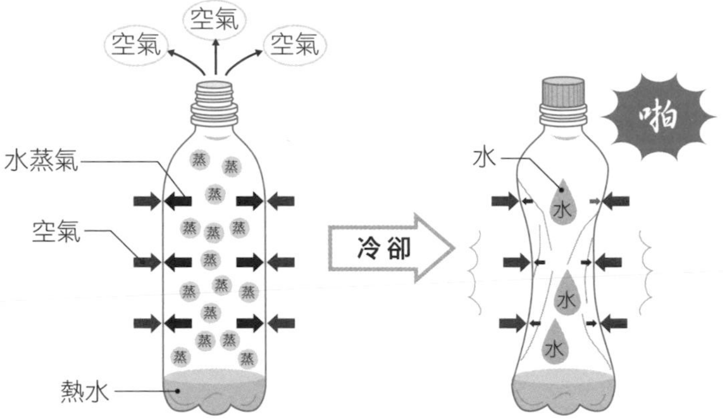

寶特瓶收縮的原因是這樣的，倒入熱水後，活躍的水分子（水蒸氣）增多，會逐漸充滿整個寶特瓶，將原本寶特瓶內的空氣擠出去。當瓶子關上蓋子，然後溫度又冷卻時，原本充滿整個容器的水蒸氣會開始凝結成水；此時，寶特瓶內的空氣變稀薄，氣壓會大幅下降，於是使寶特瓶被來自外界的大氣壓力壓扁。

即使是用堅固的大型鐵桶，也會得到同樣的實驗結果。將水倒入鐵桶內並加熱，使桶內空氣被水蒸氣擠出後，封住鐵桶的開口，然後再冷卻，鐵桶就會被壓扁。

人類之所以不會被大氣壓力壓扁，是因為來自身體內側的壓力，與大氣壓力維持平衡的緣故。

高度與氣壓的關係

登山或前往高處時，我們會發現，攜帶的零食包裝脹得鼓鼓的。為什麼會有這種現象呢？

愈高的地方，大氣愈稀薄，所以氣壓愈低。舉個例子，將密封的零食袋從氣壓一〇一三百帕的山腳下帶到高處時，袋中的氣壓仍維持一〇一三百帕，但是袋外環境中的氣壓會愈來愈小。兩者的氣壓差會使得袋子內的空氣膨脹。

順帶一提，海拔三七七六公尺的富士山山頂，氣壓約為六三八百帕。

隨著氣壓愈小，水達到沸騰的溫度（沸點）也愈低。水在一大氣壓下的沸點為一〇〇℃，在富士山山頂則約為八七℃，在聖母峰山頂則約為七一℃。

因此，在三千公尺以上的高山生活的人們，煮飯時都會用壓力鍋。否則，一般的鍋子無法將食物加熱到足夠的高溫，食物就無法煮熟了。

認識大氣層的結構

大氣層的結構長什麼樣子呢？最接近地面的一層是對流層（從地表到高度十一公里左右），上方為平流層（十一到五十公里左右）。

對流層、平流層再上去是中氣層（五十到八十公里左右，愈往上溫度愈低）與增溫層（八十公里以上，愈往上溫度愈高，極光與電離層也在此處）。

而我們生存所需的空氣，都位在距離地表五十公里以內的對流層與平流層。除去水蒸氣後，空氣中約有七八％的氮氣、二一％的氧氣、一％的氬氣，以及其他氣體（如二氧化碳）。

與我們息息相關的區域

對流層的氣體佔了大氣總量約八〇％。在這個區域內，上下空氣會持續彼此交換，產生對流（氣體受熱會變輕，往上移動；冷卻後會變重，往下移動），充分混合。天氣變化就發生在會產生空氣對流的對流層。

大氣結構

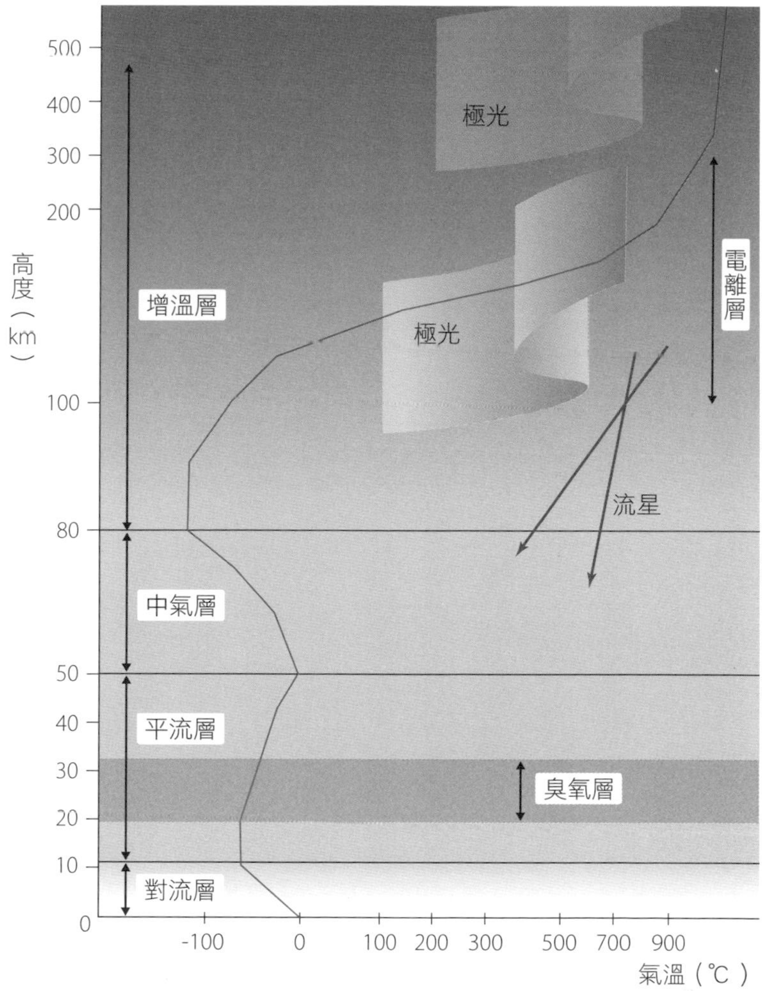
500
400
300
200
100
80
50
40
30
20
10
0
高度（km）
增溫層
中氣層
平流層
對流層
極光
極光
電離層
流星
臭氧層
-100
0
100
200
300
500
700
900
氣溫（℃）

對流層位在地表到往上十一公里的高空之間，略高於聖母峰。地球直經約為一萬三千公里，假設把地球縮小到原本的一千萬分之一，成為一個直徑一百三十公分的球，那麼對流層就只有一・一毫米厚而已。

平流層在對流層上方，比較少有空氣混合的情況，所以不容易發生天氣變化。但其中包含了臭氧層，可吸收有害紫外線。

對流層與平流層中，都是愈往上，空氣愈稀薄，不過空氣中各氣體所佔的比例幾乎沒有改變。

06 為什麼愈高的地方愈冷？

決定氣溫的因素

「愈高的地方明明離太陽愈近，為什麼卻愈冷呢？」若有小朋友這麼問你，你會如何回答呢？

高原總給人清涼的印象，常被人們做為避暑的地方。而日本許多的高山，包括富士山在內，即使到了春天，山頂仍有未融的積雪。

通常愈高的地方氣溫愈冷，平均每上升一千公尺，氣溫就會下降六・五℃。因此，當東京（海拔〇公尺）的氣溫為十五℃時，輕井澤（海拔約一千公尺）的氣溫會是八・五℃；富士山山頂（約四千公尺）則是零下十一℃；飛行在海拔一萬公尺高空的客機，機外的溫度則約為零下五〇℃。

大氣可加熱地表

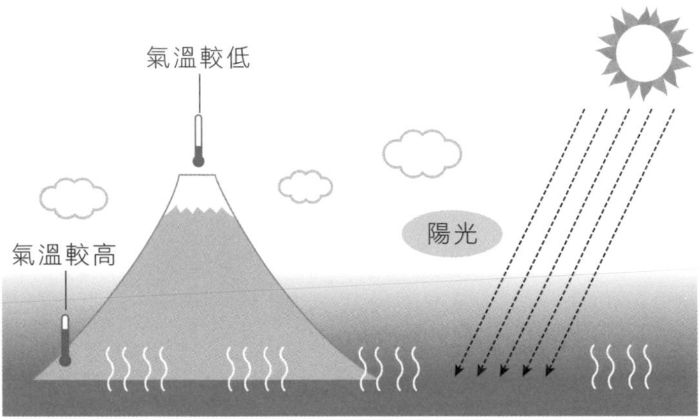

影響氣溫的因素還有很多，所以各地的實際氣溫不會完全符合這個規則，不過大致上仍是正確的。那麼，為什麼愈高的地方愈冷呢？

氣溫就是大氣的溫度，所以大氣的加熱機制會是影響氣溫的一大關鍵。物質吸收愈多陽光，被加熱的效果愈好。

舉例來說，挑選冬季服裝時，你會選擇黑色服裝還是白色服裝呢？若不考慮美觀或設計感，僅以功能性做為標準的話，請你選擇黑色衣服。因為黑色衣服較能吸收陽光，較能保暖。或許也是因為這個理由，所以市面上冬天的衣服大多是深色。

另一方面，白色衣服容易反射陽光，

很適合夏天穿著。在日照強烈的沙漠地區，人們的傳統服飾大多為覆蓋全身的衣物，乍看之下很熱，但這些衣物多以白色布料製成，覆蓋全身後可反射大部分的陽光，反而會讓人覺得比較涼爽。總之，陽光的吸收量與變暖的程度有正向的相關性。

大氣為透明無色，其實並不會吸收陽光。射向地球的陽光會穿透大氣抵達地表，地表吸收陽光後，溫度會上升，而溫度上升的地表，才是加熱大氣的熱源。因此，離地表愈近的地方愈溫暖，離地表愈遠、愈高的地方則愈寒冷。

但還有一個問題。愈熱的空氣愈輕，愈容易往上升，這也是為什麼熱氣球能飛上天空。放置暖爐的房間內，熱空氣會往上飄，所以天花板附近的空氣會比較溫暖。既然熱空氣會往上飄，那高處應該比較溫暖不是嗎？

確實，在地表附近的溫暖空氣會往上升。然而，高空的空氣比較稀薄，這個氣壓環境，會使得從地面抵達高處的空氣團膨脹起來（絕熱膨脹）。一般來說，空氣經過加熱後會膨脹，但「絕熱膨脹」的情況卻不一樣，是因為氣壓變化引起的膨脹，結果反而會讓這團空氣冷卻（絕熱冷卻）。

也就是說，地表附近的溫暖空氣確實會上升，但這些空氣會在高空膨脹、同時冷卻，使高空維持低溫。

繼續往上的話會怎麼樣呢？

那麼，繼續往上的話，高空溫度仍會愈來愈低嗎？

在距離地表三十公里附近，有一層含有高濃度臭氧的臭氧層，可以吸收來自太陽的有害紫外線。紫外線也是陽光的一種，所以臭氧層吸收這些紫外線之後，溫度會上升。

因此，以地表上方十一公里處為界線，這裡的氣溫為零下五〇℃，愈往上氣溫會變得愈來愈高，到了地表上方五十公里處，氣溫會上升到〇℃。

在臭氧層這附近的大氣，下方是較冷較重的空氣，而上方則是較暖較輕的空氣，所以這段高度的大氣相對穩定許多，這裡就是平流層。

另一方面，從地表到十一公里高空的區間內，下層是較溫暖、較輕的空氣，會與上層較冷、較重的空氣對流，彼此混合，所以稱做對流層。

這種對流活動所產生的上升氣流，會形成雲，再降下雨水，所以僅有對流層內會發生天氣現象。飛機在飛行時需避免大氣的上下擾動，所以會在對流層與平流層的交界處（稱做平流層底部）飛行，這也是為什麼當乘客從窗戶看出去時，雲朵總是在視線下方。

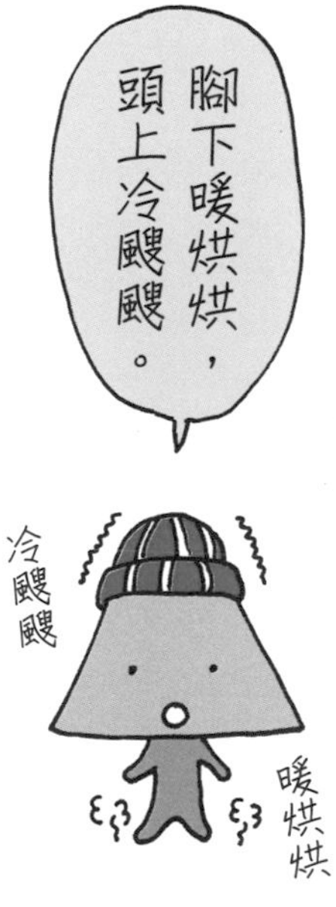

07 下冰雹的奧祕

千變萬化的雲朵

春季天空經常密布著薄霧一樣的雲，而夏季天空搭配的是積雨雲，當天空開始出現卷積雲，會讓人有種「今年夏天也差不多要結束了」的感慨。從前，人們經常根據雲朵的變化，來感受天氣或季節的改變。

這些姿態千變萬化的雲是如何形成的呢？

在大氣系統中，低氣壓中心的氣壓比周圍低，所以空氣會往中心吹送，然後再往上升，形成上升氣流。含有水蒸氣的空氣團隨著上升氣流來到高空時，會因為氣壓變小而膨脹；空氣團膨脹時無法從外界獲得熱能，只能消耗內部熱能，所以溫度會下降。

在雲中成長的冰雹

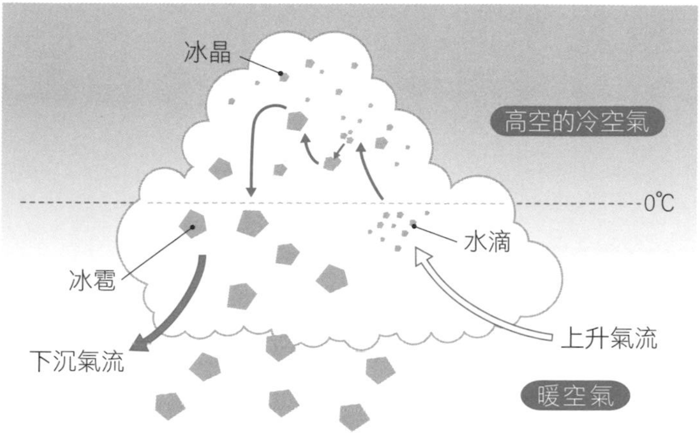

溫度下降也會降低水蒸氣的「飽和蒸氣量」（最高可容納的水蒸氣含量），當飽和蒸氣量低於空氣團內的水蒸氣時，空氣團內的水蒸氣就會轉變成液態水。水蒸氣會以空氣中的塵埃等物質做為凝結的核心，凝結成小水滴，於是就形成了雲。

如果空氣團的高度再次往上升，溫度便會再降低，雲朵的組成中會開始出現固體的小冰塊。當溫度降至〇℃以下時，就會形成小冰晶（具有晶體結構），成為冰雹，溫度在〇℃至零下四〇℃之間，同時具有水滴與冰晶；若溫度低於零下四〇℃，則幾乎由冰晶構成。

雲朵，就是由無數個小水滴與小冰晶

構成，飄浮在空中的物質。隨著雲的種類不同，雲凝結核的顆粒大小也不一樣，不過顆粒的直徑大致上都在二到四〇微米（＝〇．〇〇二到〇．〇四毫米）之間。雲的粒子彼此碰撞黏附，就會生成雨滴。

夏天常看到的積雨雲，就是在強烈的上升氣流下形成的雲；相反的，如果空氣團順著下沉氣流往下移動，空氣團的體積會逐漸收縮、溫度上升，這時，雲朵就會消失。

也就是說，空氣移動的變化是「上升時嘩啦啦（變得濕潤），下降時乾巴巴（變得乾燥）」。

直徑三十公分的大冰雹！

一九六八年三月左右，印度降下了直徑達三十公分的巨大冰雹。直徑達三十公分已經不只是「冰的顆粒」了，而是「被這種東西打到頭的話很可能會死掉」的凶器。

事實上，那次冰雹確實在印度造成五十人死亡。日本也曾經下過雞蛋般大的冰雹，造成了農作物嚴重損害。

如果是鬆軟的雪，飄落在臉上時也不會有什麼感覺；甚至若是被「霰」打到，也只會讓人覺得「有點痛」，但如果被冰雹打到的話，就沒那麼簡單了。農作物被冰雹打到的話，可能會出現傷痕、凹陷，甚至整株植物傾倒。冰雹每年在日本造成了數十億日圓的農業損害。

冰雹、霰、雪，都屬於「固態降水」。冰雹其實就是成長得較大的霰，兩者皆由冰構成，冰雹的直徑大於五毫米；而霰的直徑在二到五毫米間，經常在早春時節出現。

為什麼會形成巨大冰雹？

冰雹雖然與雪是同伴，但冰雹大多是在夏天出現。這是因為冰雹是在積雨雲內形成的，積雨雲濃厚龐大、往高空發展，是夏季的典型雲種。

積雨雲的上方，飄浮著許多直徑〇・一毫米的小冰晶，小冰晶會彼此撞擊、結合，逐漸形成更大的冰晶。

在雲的內部，空氣由下往上流動，能使小冰晶飄浮在雲中；但當小冰晶長大到某種程度時，便會往下掉。在往下掉的過程中，會有冰冷的水滴陸續附著上去，逐漸變大，這就是霰。霰由幾乎透明的冰所組成。

如果這時候，出現非常強的上升氣流，冰塊顆粒就不會落到地面，而是稍微往下掉落後，又會被強烈的上升氣流吹上去，就這樣在雲中上下來回運動。在這個過程中，冰雹會陸續被水滴附著、結凍，愈變愈大顆，最終就長成三十公分大的冰雹。

如果你撿到那麼大顆的冰雹，試著把它剖成兩半來看看吧，不過要注意，下冰雹時外面相當危險，所以請等停止下冰雹了，再出門撿拾。

觀察冰雹的剖面，應該可以看到冰雹是由透明冰層和不透明冰層互相交疊而成，因為冰雹在雲層中順著氣流上上下下，形成了年輪蛋糕般的冰層結構。

今天起會開始
下冰雹喔～
請小心～

08 當高速鐵路遇到下雪

日本歷史上的著名地點

在冬天搭乘日本的東海道新幹線★，從名古屋前往京都時，新幹線可能會因積雪而延誤或停駛，常搭乘這一段新幹線的人，應該有過這種經驗。但是東海道新幹線的其他路段，就比較沒有這種延誤或慢行的情況。

東海道新幹線的名古屋站到京都站之間，有岐阜羽島站和米原站，在兩站之間偏米原的地方，有一個名為關原町的城鎮，是日本戰國時代著名的「關原之戰」古戰場。一六〇〇年，由德川家康為總大將所率領的東軍，與由毛利輝元為總大將、石田三成為核心的西軍，曾在這裡戰鬥，最後由東軍獲得勝利，是日本歷史上的著名地點。

日本下雪的地理分布

在日本，冬天時的日本海側與太平洋側的天氣有很大的差異。日本海側的濕度較高，所以降雪量高；而太平洋側則相對乾燥，大多是晴天。

冬天時，來自中國大陸的西伯利亞高氣壓，會挾帶非常冷的空氣進入日本列島。冬季的日本氣壓呈現「西高東低」的狀態，從天氣圖來看，日本附近的等壓線幾乎都呈南北走向，所以日本會吹起強烈的西北季風。

來自大陸的季風原本是乾冷的空氣，但在經過溫暖的日本海之後，會轉變成含有大量水蒸氣的溫暖潮濕空氣，這使得大氣狀態變得不穩定，水氣在空氣對流之下形成積雲，並進一步發展成積雨雲，最後在日本海側的平原降雪。

當季風撞上日本列島的脊梁山脈（如同脊椎骨般縱貫日本列島的山脈，包括奧羽山脈、越後山脈、飛驒山脈等）時，會轉變成上升氣流，發展成積雨雲，在

★編註：東海道新幹線是世界上第一條高速鐵路，在一九六四年十月一日開通營運。

山區降下大雪。

季風在平地與山區造成降雪之後，越過脊梁山脈來到太平洋側，此時會形成下沉氣流，雲也跟著消失。因此，太平洋側各地的冬天大多為乾冷晴朗的天氣。

關原的地理特徵

關原一帶與日本海的距離，比與太平洋的距離還要遠，可是卻會降下大雪，這是為什麼呢？

關原地區的天氣型態由來是這樣的，來自中國大陸的西伯利亞高氣壓會吹起西北季風，西北季風經過海灣（若狹灣）和湖泊（琵琶湖）的北端，來到關原這個盆地地形。

若狹灣和關原之間沒有高山，只有三國山（八七六公尺）之類的矮山；跨過三國山後就是琵琶湖北部，所以從日本海過來的西北季風，幾乎毫無阻礙的來到關原，再進入名古屋的平原（濃尾平原）。因此，累積了許多水氣的西北風抵達關原附近時，會降下大雪。

順帶一提，關原附近的山脈有伊吹山，名古屋周圍一帶的人們，會將越過伊吹山吹來的強風，稱做「伊吹山風」。

如果當時路線規畫為另一條……

在建造東海道新幹線時，如果名古屋以西的路線，改為在山脈（鈴鹿山脈）之中建造隧道，就不會通過關原附近，冬季時也不會因下雪而延誤車程了；然而要打通鈴鹿山脈，在技術與時間上有很大的困難。

而且，當時世界銀行（隸屬於聯合國，提供貸款給開發中國家）貸款給日本的條件是，東海道新幹線「需在東京奧運開幕（一九六四年）之前開始營運」，所以，日本政府選擇了現在這條經過關原的鐵道路線。

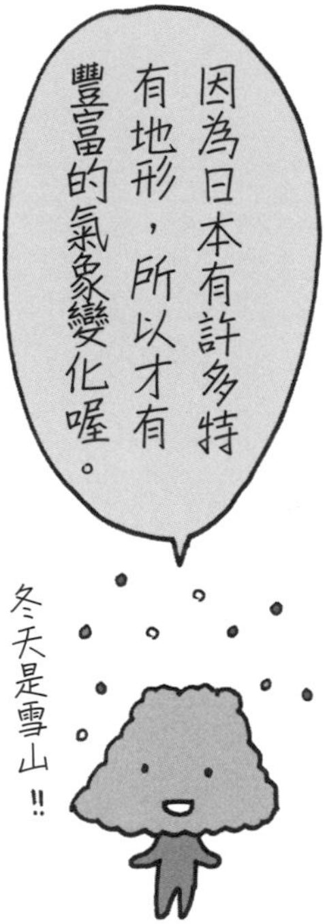
因為日本有許多特有地形，所以才有豐富的氣象變化喔。
冬天是雪山!!

Part 3

不可思議的宇宙知識

01 古人認為地球是宇宙的中心

哥白尼式革命

將過去被視為常識的思考方式一口氣翻新，發展出新概念的情況，被人們稱做「哥白尼式革命」。

這個詞的由來跟天文學家尼古拉·哥白尼有關。過去人們以為，天空中的各個天體都會繞著地球轉，地球位在中心，也就是「地心說」，這曾經是大多數專家認同的主流想法；不過，後來哥白尼卻提出了「日心說」，認為太陽才是宇宙的中心點，是行星繞著太陽運動。

從地心說到日心說，概念恰恰相反，可說是思想上的大變革。因此哲學家伊曼努爾·康德提出「哥白尼式革命」一詞，來形容自己的獨創想法。

地心説

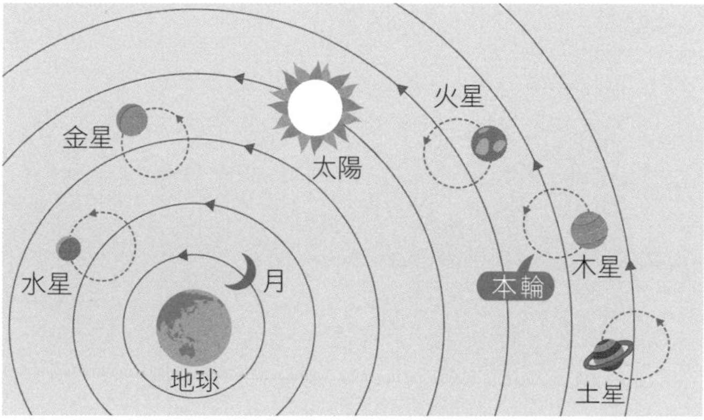

日心説

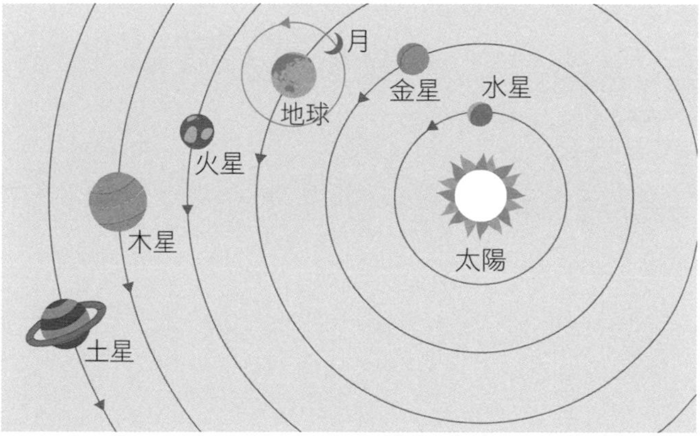

地心說與日心說之間的高牆

地心說認為，夜空中閃閃發亮的星星，是貼在如同球形天花板一般的天球上，而地球正位於這個天球的中心；從中心往外依序是月球、水星、金星、太陽、火星、木星、土星的運轉軌道，是個精細的模型。

人們觀察到，天空中某些星星有時順行，有時逆行，就像自由行走在天球上一樣，所以稱它們為「行星」。為了解釋行星的運動，科學家引入「均輪與本輪」的概念，在繞地球運轉的大軌道上面加上小圓圈，做為行星的運轉軌道。

哥白尼發現，如果位於中心的不是地球，而是太陽的話，其實能用更簡單、更正確的方式來表示各行星的位置，於是開始提倡日心說。

如果地球繞著太陽公轉，那麼理論上，做天文觀測時應該會發生「恆星光行差」與「恆星視差」等現象才對，只是，受限於當時的技術，沒能觀察到這兩種現象；加上在哥白尼的時代，地心說模型對行星運動的解釋，遠比日心說模型還要細緻。因此主張日心說的人無法做出有力的辯駁。

明明是劃時代的大發現，日心說卻一直不能被大眾接受。

尋求日心說的證據

哥白尼在一五四三年出版了一本關於日心說的書，但一直到一百八十多年後的一七二七年，人們才確認到，能夠證明日心說的「恆星光行差」。

因為地球公轉，在地球上的觀察者其實正高速移動著，宇宙中的星光傳播的速度與觀察者的速度相加，使得觀察者看到的光源方向（恆星）跟實際上的方向出現偏差，這就是所謂的恆星光行差。這是其中一個證明地球在公轉的證據。

另一個證據「恆星視差」則久久沒能被確認存在。這個現象是，由於地球繞著太陽公轉，在地球上會觀察到距離地球較近的恆星，以一年為週期些微擺動，這個擺動角度就是恆星視差。

用一個我們身邊的東西來舉例吧。

假設窗戶旁放著一個花瓶，如果我們一邊看著這個花瓶，一邊稍微擺動頭部，花瓶看起來靜止不動；但如果一起看著花瓶與窗外遠方的風景，然後稍微擺動頭部的話，遠方風景靜止不動，而花瓶看起來卻好像在動一樣。

稍微改變頭的位置，觀看遠處物體與近處物體的視線夾角也會跟著改變，這種角度的改變就叫做「視差」。進一步說，如果未能觀測到恆星視差，就代表這個恆星離我們非常遙遠，可視為不動的背景。

當時的天文學家們認為「如果地球真的繞著太陽轉，那麼半年後，近處恆星與遠處恆星的視線夾角就會和現在不一樣」，但是卻一直觀測不到這樣的結果。

直到一八三八年，天文學家們才成功測量到天鵝座61的恆星視差。因為恆星離我們非常遙遠，所以恆星視差小到難以被觀測到。

接著，在一八五一年，里昂．傅科發現，如果製作一個巨大單擺，讓它持續擺動一整天的話，單擺的擺動方向會隨著地球自轉而逐漸改變，首次證明了地球正在自轉。

哥白尼的日心說，雖然很接近伽利略、克卜勒、牛頓等人奠定的現代宇宙觀，然而，從哥白尼提出日心說，一直到找出直接的證據來佐證地球的自轉、公轉，中間卻經過了長達三百年的歲月。

恆星光行差

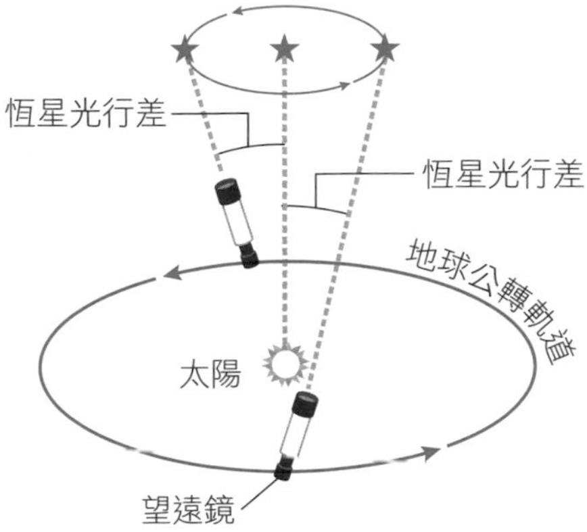
恆星光行差
恆星光行差
地球公轉軌道
太陽
望遠鏡

恆星視差

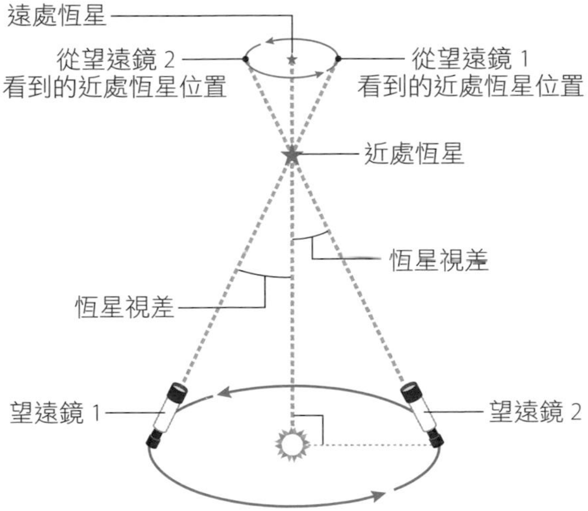
遠處恆星
從望遠鏡 2
看到的近處恆星位置
從望遠鏡 1
看到的近處恆星位置
近處恆星
恆星視差
恆星視差
望遠鏡 1
望遠鏡 2

這裡讓我們稍微介紹約翰尼斯・克卜勒（一五七一～一六三〇）這位德國天文學家吧，克卜勒與伽利略生於同一個年代，他根據經驗事實推論出了行星的運動規則。克卜勒曾在著名天文學家第谷・布拉赫身邊當助手，認真埋首於研究。那時第谷是在沒有使用望遠鏡的情況下觀測天象，並記錄下當時最為精確的行星位置資料。

在第谷去世後，克卜勒運用第谷留下來的龐大觀測資料，整理出行星運動的三大運動定律。

克卜勒第一定律：每個行星繞行太陽的軌道為橢圓形，且太陽位於橢圓的一個焦點上。

克卜勒第二定律：在行星公轉的固定時間內，太陽與行星的連線，所掃過的面積是相同的（也就是說，行星離太陽愈近，公轉速度就愈快）。

克卜勒第三定律：每個行星與太陽之間平均距離的三次方，與公轉週期平方的比值相同。

這些統稱為「克卜勒定律」，在後來啟發了牛頓推導出萬有引力定律。

02 伽利略用望遠鏡所看到的宇宙

與望遠鏡相遇

伽利略是一位著名的天文學家、物理學家，他於一五六四年誕生在義大利的比薩。毫不誇張的說，伽利略之所以成為名留後世的學者，是因為他與望遠鏡的相遇。

歷史上的第一部望遠鏡，是以凸透鏡為物鏡，凹透鏡為目鏡。關於望遠鏡的發明者有多種說法，不過根據紀錄，最早的是荷蘭的眼鏡工匠，漢斯·李普希，他在一六〇八年申請了望遠鏡的專利。隔年的一六〇九年五月，伽利略只花了一天時間，便製作出可使物體放大十倍的望遠鏡，之後他一直致力於提高望遠鏡的倍率，最後製作出可以放大到二十倍的望遠鏡。

伽利略的望遠鏡

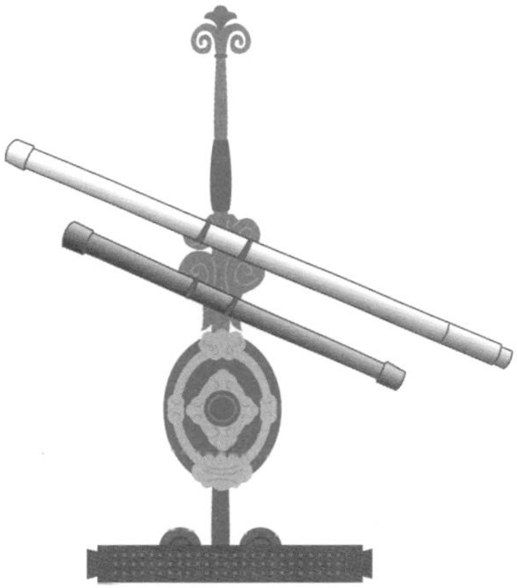

眼鏡工匠們所製作的望遠鏡，放大倍率頂多是二到三倍，影像也相當模糊，而伽利略的望遠鏡可顯現出更清晰的影像。

望遠鏡拓展的世界

當時伽利略製作出來的，是一個口徑只有四公分的小型望遠鏡，性能其實比現今的便宜玩具望遠鏡還要差，不過在他那個時代，使用這個望遠鏡來觀察宇宙，已讓人驚奇無比。

肉眼看來光滑如水晶球的月球，在望遠鏡下卻顯示出凹凸不平的表面（隕石坑），還有黑色的陰影部分（伽利略稱它為「海」）；太陽看似一顆明亮無暇的光

金星的盈虧

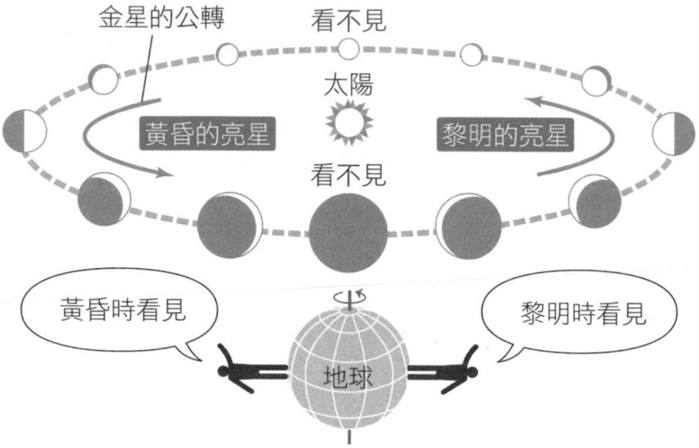

球，但透過望遠鏡，卻可以看到表面的黑點（黑子）。

地心說認為，比月亮還要遠的天體都是永恆不變的，這麼一來，無法解釋為什麼太陽黑點的形狀與位置，會隨著時間改變。其實，黑點的變化正是太陽在自轉的證明。

發現銀河是由許許多多天體所組成的人，也是伽利略，他還發現了木星的四大衛星，所以這四顆天體也被叫做伽利略衛星。不過因為當時伽利略接受麥第奇家族的資助來做研究，所以他曾把衛星命名為麥第奇之星。

伽利略把他的觀察紀錄寫成一篇論文

〈星際信使〉，在一六一〇年三月發表，說明木星的衛星是繞著木星公轉，顯示宇宙中並非所有天體都繞著地球公轉。這引發一個想法：就像衛星繞著行星公轉一樣，地球自然也應會繞著比地球大上許多的太陽公轉。這種種的事實，都不利於地心說的模型。

伽利略觀測金星時，除了發現金星有盈虧變化之外，大小也會隨時間改變。如果地心說模型是正確的，那金星的盈虧也不至於變得像眉月一樣細長；再說，地心說模型中的金星與地球距離維持固定，金星大小應該不會變化才對。

日心說的基礎

伽利略在他的著作《關於托勒密和哥白尼兩大世界體系的對話》中支持日心說，因此在一六三三年的宗教審判中，伽利略被判為異端，使他不得不放棄日心說，而且受到監禁。

據說當時伽利略曾喃喃的說「即使如此，地球依然在轉動啊。」有人認為伽利略沒說過這句話，只是後來他的弟子為了推廣日心說而創作的故事；也有人認為伽利略確實說過這句話，只是他用周圍沒人聽得懂的希臘語來說。

即使受到監禁，伽利略仍寫下了《關於兩門新科學的對話》一書，說明慣性運動與自由落體運動。到了晚年，他失去了雙眼視力，最後，伽利略在一六四二年不幸去世。

伽利略去世的這一年，也是牛頓誕生的這一年。牛頓繼承了哥白尼、伽利略、克卜勒的想法，提出慣性的概念，推導出「牛頓運動定律」與「萬有引力定律」，他終於用力學證明了日心說。

03 宇宙的誕生與元素的合成

宇宙起源於大霹靂

二十世紀初，美國的威爾遜山天文臺有一位科學家愛德溫·哈伯，他過去曾是律師，後來轉職成天文學家，具有獨特的經歷。哈伯使用大型天文望遠鏡觀察遠方的星星集團，也就是星系，結果發現這些星系的顏色偏紅。

這個現象是「光的都卜勒效應」，逐漸遠離觀測者的物體看起來會偏紅，另一方面，逐漸靠近觀測者的物體則偏藍。由此能夠證明，宇宙正在膨脹（因星系逐漸遠離觀測者），當時是一九二九年。

如果宇宙一直在膨脹，那麼我們回溯過去，可以想像，很久以前的宇宙可能是一個超高密度的小點。目前，宇宙中的物質是以氫與氦等輕元素為主，有人以

大霹靂

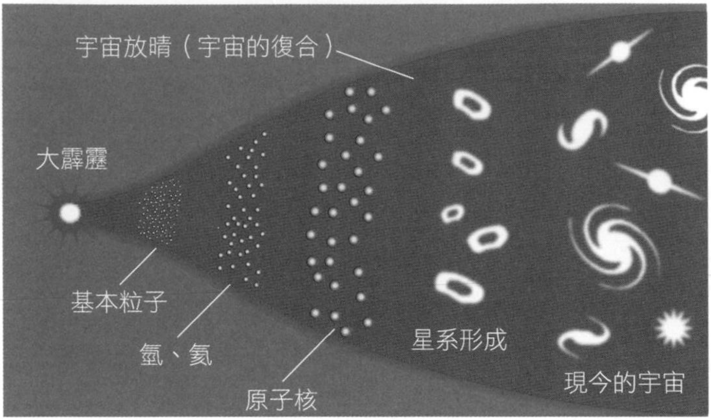

此推測，從前超高密度狀態下的宇宙，應該有著超高的溫度。

科學家喬治·伽莫夫在一九四七年提出，宇宙是從一個超高溫、超高密度的火球誕生出來的。

當時的天文學界大多支持英國天文學家佛萊德·霍伊爾的「穩態理論」。穩態理論雖接受哈伯發現的宇宙膨脹現象，卻認為宇宙也同時不斷的在生成星系，使得宇宙物質的密度恆久不變。

霍伊爾無法接受伽莫夫的理論，甚至還揶揄它是「大爆炸」（Big Bang）理論。但這樣的表示方式相當淺顯易懂，於是「大爆炸」或「大霹靂」逐漸成為了社會大眾對這個理論的常用稱呼，原先這可是霍伊爾的揶揄用詞呢。

伽莫夫猜測，如果宇宙從一個火球中誕生，而且誕生後持續膨脹的話，那大霹靂當時應該有極高的溫度，然後在膨脹時逐漸冷卻，這樣的話，現在的宇宙溫度應為三克耳文（約為攝氏零下二七〇℃）才對。

後來科學家們發現了「宇宙背景輻射」，證明了伽莫夫的猜想，使大霹靂理論勝過了穩態理論。宇宙背景輻射是充滿在宇宙空間中的電磁波，均勻的從每個方向發出。宇宙背景輻射的光譜中，強度最強的是波長為一毫米左右的微波波段，以它的光譜顯示，溫度為三克耳文。

從小小的元素一個個合成

宇宙的歷史，可追溯到距今一百三十七億年前所發生的大霹靂。大霹靂過後一萬分之一秒，宇宙的溫度高達一兆℃，範圍大小約等於如今的太陽系；一秒之後的宇宙溫度為一百億℃，並膨脹到一兆公里寬（太陽系的一百倍）。

宇宙誕生後，最先形成的是氫原子核。大霹靂過後三分鐘，原本各自分散的

大霹靂的元素合成

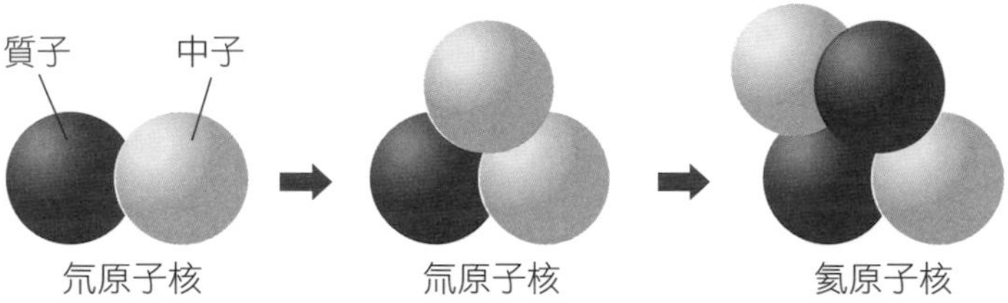

質子與中子結合，形成氘、氚、氦等原子核，這個過程稱做「太初核合成」。

宇宙中的元素幾乎都是氫，第二多的是氦，其他元素只佔了很小一部分。這些元素，都是在大霹靂後的一小段時間之內形成的。

在恆星誕生時，恆星內部的四個氫原子核會行核融合反應，成為一個氦原子核；氦原子核累積到一定程度後，會再進行核融合，變成其他原子核。

比太陽還重的天體還會陸續合成出碳、氧、氮，依序合成到原子序二十六的鐵元素。因為鐵原子核十分穩定，恆星內部已無法合成出比這更重的原子核。

合成出金與鈾

那麼比鐵還重的元素，是什麼時候形成的呢？可能是巨大恆星死亡時發生的「超新星爆炸」，此時的強大壓力與熱，可合成出金與鈾等元素。

恆星內的原子與超新星爆炸時生成的元素，大部分會在爆炸時四散到太空各處。這些四散的元素會成為星際物質與宇宙塵埃，在太空中漂流，成為新恆星或新行星的原料。

宇宙歷史中，許多質量比太陽大上許多的恆星發生了超新星爆炸，地球以及整個太陽系，就是由這些爆炸產生的物質聚集形成，所以在地球上才存在從氫到鈾等豐富的元素。

金、鈾等資源，可以說是超新星爆炸所留下來的遺產。

所有物質都是從氫原子核開始演變的。

04 地球與金星的命運分歧點

金星這個行星

金星自古以來就為人所熟知，它是「黎明的亮星」，也是「黃昏的亮星」。而且金星與地球有相似的誕生過程。

太陽系的行星中，離太陽比較近的水星、金星、地球有許多共同特徵，可說是兄弟行星，與木星、土星有很大的不同。其中又以金星的大小和質量，與地球幾乎相等，內部的結構與組成物質也十分相似。然而，從表面看來，金星又與地球有很大的不同。

假設我們發射一架探測器前往金星，試著從外部觀察金星時，會發現完全看不到地表，因為距金星表面高度五十到七十公里處，覆蓋著厚厚的雲層。

金星與地球的差異

	金星	地球
與太陽的距離〔AU〕	0.723	1
公轉週期〔地球日〕	224	365
自轉週期〔地球日〕	243	1
赤道半徑〔km〕	6052	6378
密度〔g/cm^3〕	5.24	5.52
平均氣壓〔hPa〕	92000	1013
平均氣溫〔K〕	750	288

我們知道地球上的雲是由小水滴組成，但金星的雲則是由濃硫酸組成，因為雲中混有硫的顆粒，所以看起來呈現黃色，能見度大約是三公里左右。金星的大氣中有九六%為二氧化碳，三·四%為氮氣，〇·一四%是水蒸氣，也就是說，大氣中幾乎都是二氧化碳。

金星的大氣壓力約為九〇大氣壓，相當於地球海面下九百公尺處的水壓，它的大氣密度大約是是地球的一百倍。在九〇大氣壓下，水的沸點約為三〇〇℃，然而金星地表附近的溫度仍然都遠高於水的沸點，約為四

○○℃。這是大量二氧化碳帶來的溫室效應，所造成的結果。

命運的分歧點

地球約在四十六億年前誕生，當時的大氣以氫與氦為主，卻在不久後都被太陽風吹散。之後，地殼形成，火山活動頻發，從地球內部噴出的氣體成為了當時大氣的主要成分，包括二氧化碳、氮氣、水蒸氣等。

因為地球與太陽的距離剛剛好，與金星相比，單位面積的太陽日照、紫外線較弱，使水蒸氣能保持原樣不被分解。火山活動漸緩後，水蒸氣轉變成雨水，雨水造就了海洋，使地球成為「水之行星」。

此時，雨水中大量的二氧化碳也溶解在海水中，含有二氧化碳的「原始海洋」孕育了各式各樣的生命，其中也包含了能行光合作用的生物，它們吸收二氧化碳，並將氧氣釋放到大氣中。就這樣，地球的主要大氣成分變成了氮氣、氧氣、水蒸氣。

金星在誕生不久時，大氣中也含有水蒸氣。當時的太陽比現在還要暗一些，所以一般認為，從前的金星也具有溶入二氧化碳的海洋。不過，隨著太陽的亮度逐漸增加，海水的溫度也逐漸上升，使二氧化碳又再陸續釋放到大氣中。

在二氧化碳的溫室效應下，地表溫度變得更高，使海洋釋放更多二氧化碳到大氣裡，如此不斷的循環下去。最後就在高溫環境下，海水全部蒸發成水蒸氣，並在太陽的強烈紫外線照射下，分解成氫氣與氧氣，質量輕的氫氣就這樣散逸到太空中。

造成地球與金星走向不同命運的最大原因，就是金星與太陽的距離，比地球與太陽的距離近了四千萬公里。

05 月球是地球的兄弟？

離我們很近，卻也相當遙遠的月球

在太陽系裡，水星與金星之外的行星，周圍都有衛星繞著它們公轉。而地球的衛星就是月球。

月球是我們最熟悉的天體之一，自古以來就有許多歌詠月亮的詩歌詞曲，月亮也是曆法的重要依據，是我們生活中不可或缺的存在。相較之下，做為衛星來說，我們對於月球的科學仍有很多不清楚的地方，它可說是個神祕的天體。

以下舉幾個至今仍沒有確切答案的例子。

「月球內部長什麼樣子呢？」

「與其他衛星相比，為什麼月球相對於母行星（地球）的大小特別大呢？」

「為什麼月球一直用同一面朝著地球呢（自轉與公轉的週期相同）？」

「為什麼月球正面（面向地球的一側）的地殼比背面的地殼還要薄呢？」

「為什麼被稱做「海」，由黑色玄武岩構成的低地，只存在於正面呢？」

月球的誕生過程，也就是「月球起源」可說是個很大的謎。月球之所以那麼特殊，是因為地月關係與其他行星—衛星之間的關係，有很大的不同，對母行星地球來說，月球可說是相當大的衛星。為什麼地球會擁有這麼一個大得不同尋常的衛星呢？

最初，月球的起源有三種說法。

第一個「雙胞胎說」認為，地球與月球幾乎在同一個時間，在同一個地方誕生；第二個「分裂說」認為，在原始地球組成還很鬆散、自轉速度很快的時候，一部分的原始地球被離心力拋了出去，而形成月球，這是由達爾文的兒子，喬治·達爾文所提出的。第三個「捕獲說」則認為，月球在別處誕生，後來被地球引力捕獲成為地球的衛星。

然而「捕獲說」無法解釋為什麼地球與月球的化學組成如此相似；「雙胞胎

說」無法解釋為什麼地球與月球的平均密度差那麼多；所以「分裂說」被認為是比較有可能的假說，但也有人懷疑，地球自轉的離心力，是否真的強到可以甩出月球。

到了一九七五年，科學家威廉．哈特曼與唐納德．達韋斯兩人提出「大碰撞說」，認為地球與月球分裂的起因是天體的碰撞，而非離心力。

大碰撞說

大約四十五億五千萬年前，地球剛誕生不久，那時地球上別說是生命，連海洋都不存在。這顆原始地球，曾被一個約為地球一半大的小天體斜向撞擊。這使得地球底下的地函的一部分碎片，飛散到太空中，在引力的作用下，這些碎片與小天體彼此吸引聚集在一起，誕生出原始月球。這個聚集地點距離地球約二萬公里，是目前地月距離的二十分之一。

從那時的地球看過去，月球會是什麼樣子呢？那時月球的直徑會是目前月球的二十倍，表面積是四百倍，亮度也是四百倍，想必滿月時候的夜晚是相當明亮的。現今的月球公轉週期約為二十九日，但當時的月球公轉週期只有十小時，以令人眼花的速度在天球上移動。

值得注意的是，此時月球的強大潮汐力。潮汐現象是天體對地球的引力造成的影響，在地球的海洋誕生時，地月距離約為四萬公里，產生的潮汐力是現在的一千倍。

假設目前地球漲潮與退潮的落差為一公尺，簡單計算後可知道，當時的潮差高達一千公尺。也就是說，每天都會有巨大海嘯來襲。

既然原始月球和地球的距離那麼近，就表示，月球也同樣會受到地球引力的強烈影響。舉例來說，月球內部密度較大的地核與地函，會被地球的強大引力拉向地球一側，所以月球正面（面向地球的一側）的地殼會變得比較薄，背面的地殼則比較厚。

當地殼較薄的正面受到隕石撞擊，會讓下方玄武岩質的地函流出來，最後地函冷卻凝固後，變成玄武岩「海」，所以「海」才只出現在月球正面。另外，因為月球重心靠近面向地球的一側，重心一直被強大的地球引力吸引著，所以月球總是用同一面朝著地球，也就是自轉與公轉週期趨於相同。

由大碰撞說可以推論出以上結果，也能多少解釋前面提到的幾個月球之謎。

地球與月球間的密切關係

約四十六億年前，太空中大量的氣體與塵埃一邊旋轉一邊聚集，誕生出太陽；接著，在太陽周圍又形成了許多繞著太陽公轉的岩石塊（微行星），彼此反覆撞擊、融合之後變成了行星。而地球就是這些行星的其中之一。

地球一開始的公轉與自轉模式跟微行星一樣，不過在約四十五億五千萬年前，發生了前面提到的大碰撞，科學家認為，這個衝擊改變了地球的自轉運動，使得地球的自轉軸偏向一邊。

剛發生大碰撞時，地球的自轉週期約為五小時。不過在月球潮汐力的影響下，目前地球的自轉週期明顯長了許多。

潮汐力會吸引海水，造成漲潮與退潮的現象，海水的運動來來回回摩擦海底，在這個摩擦的影響下，會使地球自轉愈來愈慢。不只海水會在引力的影響下

月球潮汐力對地球自轉速度的影響

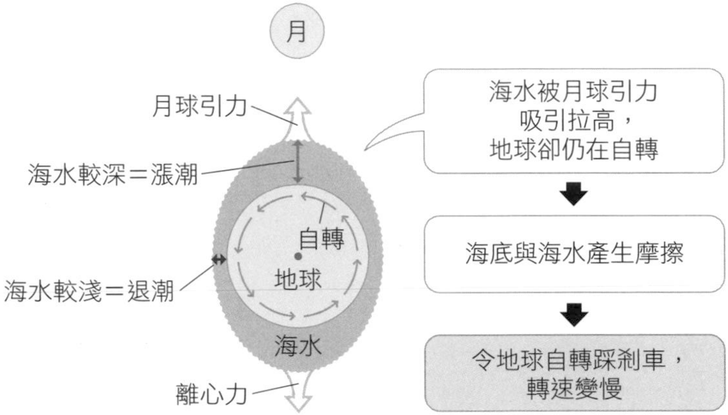

移動，岩石也多少會伸縮變形，使地球的轉動能量逐漸減少，自轉速度愈來愈慢。

地球的自轉速度大約「每數千到數萬年延遲一秒」，聽起來很少，但經過數億年後也會累積到一小時。地球的自轉速度確實會愈來愈慢。

06 觀賞流星的祕訣

為什麼流星會發光

有人說「看到流星時，在流星消失以前默念完願望，願望就會實現。」但如果不是特意去觀賞流星雨的話，幾乎沒什麼機會看到流星。

觀察流星有一些訣竅，如果能掌握它，你的願望或許就可順利實現。

首先讓我們來了解什麼是流星吧。實際看過流星的人應該知道，流星與夜空中的星星亮度差不多，卻是突然出現，留下一閃而逝的直線軌跡後便消失。乍看之下很像是「流動的星星」，但其實一般的星星（恆星）與流星完全不同。

恆星是像太陽一樣能夠自行發光的天體。從外觀看來，溫暖又明亮的太陽與冰冷閃爍的星星有很大的差別，但其實它們都是恆星同伴，之所以看起來不一

流星的兩階段發光

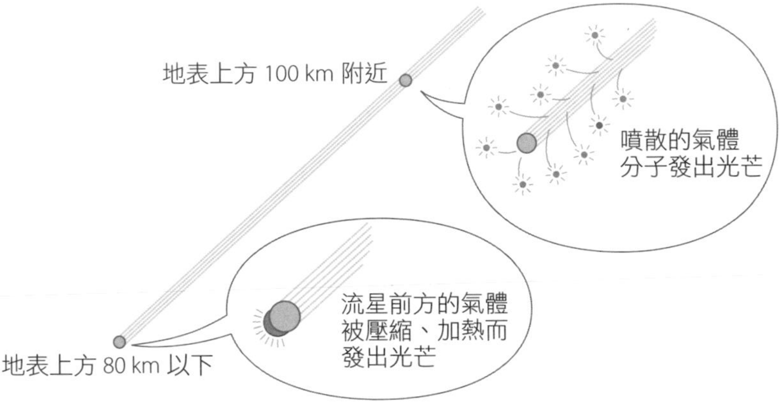
地表上方 100 km 附近
噴散的氣體分子發出光芒
流星前方的氣體被壓縮、加熱而發出光芒
地表上方 80 km 以下

樣，只因為和地球的距離遠近不同。

如果太陽距離我們達好幾光年，那麼太陽看起來就會像一般的星星一樣黯淡。相反的，如果一般的恆星位於太陽的位置，看起來就會是個又大又亮又溫暖的天體。簡單來說，夜空中的恆星就是遠方的太陽。

另一方面，流星則是在行星之間飄蕩的宇宙塵埃，這些塵埃衝入地球大氣層時會發出光芒。也就是說，流星，是一毫米大的物體進入地球大氣層時產生的現象。由此看來，恆星與流星是截然不同的東西。

那麼，為什麼宇宙塵埃會發光呢？流星以每秒數十公里的高速衝入大氣層，當流星撞擊到大氣層內的氣體分子時，會把這些分子撞散，並激發（提高分子的能量）、加熱這些氣體，使氣體分子的電子被剝離，成為「電漿態」，並發出光芒。

也就是說，在大氣稀薄的一百公里高空，被流星撞散的氣體分子在發光。不過，到了高度八十公里左右，大氣變得較為濃厚，流星無法撞散氣體分子，於是位於流星前方的空氣就逐漸被壓縮，溫度升高，轉變成電漿態而開始發光。

最後，被壓縮和加熱的空氣，反過來加熱流星，使流星在抵達地表之前就燃燒殆盡。在流星發出光芒劃過天際的一瞬間，就連續發生了這兩種現象。

去看流星雨

流星的發生頻率大致是如何呢？

讓人意外的是，一年三百六十五天，二十四小時都有流星。把光芒微弱的流星也算在內的話，其實是有相當大量的流星。但實際上目擊到流星的機率卻沒有那麼高。

這是因為，較暗的流星佔大多數，而夜空的光線條件會大幅影響看到流星的機率。夜空愈暗，看到的流星就愈多，在夠暗的夜空下，一小時內整個夜空約可看到五至十顆流星。

然而，人的視野最多只能看到整個夜空的四分之一到五分之一，如果固定朝某個方向盯著一小時的話，約可目擊到一兩顆流星。但一般人不太可能盯著同樣方向持續一小時，況且還要在夠暗的夜空下才看得到。如果是在都市觀賞的話，看到流星的機率實在小之又小。

若想看到如此難得一見的流星，建議可以等到流星雨時期。在地球的公轉軌道上，有幾個位置的宇宙塵埃較為濃密。當地球通過這些區域時，會有大量塵埃掉落到地球，使我們看到比平時更多的流星。

這些區域之所以會有如此濃厚的宇宙塵埃，是因為彗星。彗星這種天體，靠近太陽時會拖出長長的尾巴，因為在太陽的光與熱的影響下，會使彗星噴出內部物質，形成長尾。

彗星所噴出的內部物質，成為宇宙塵埃，散落在彗星的公轉軌道附近。某些彗星的公轉軌道與地球軌道交錯，當地球通過彼此的軌道交點時，就會有比平時

獵戶座流星雨的輻射點

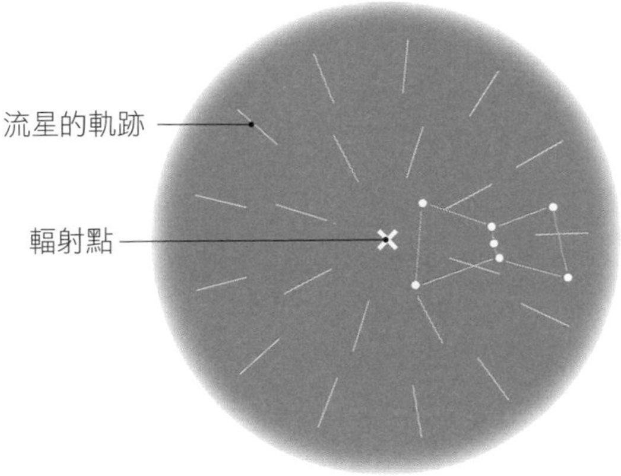

還多的宇宙塵埃掉落到地球，因此形成流星雨。

造成流星雨的彗星稱做「母彗星」。母彗星剛通過的瞬間，留下的塵埃最多，假如此時地球經過這塊區域，夜空中出現的流星還會比平時的流星雨更多。

最近的例子是獅子座流星雨，它的母彗星是坦普爾—塔特爾彗星，曾於一九九九年通過軌道交錯點，經過兩年後，也就是二〇〇一那年的獅子座流星雨特別盛大，在日本看得很清楚。

每個流星雨都會根據星座來命名，這個名字是有意義的。把流星雨中每個流星的軌跡延長，會匯聚到一個點上，叫做輻射點，流星就是從這個輻射點往外射出，所以我們會用輻射點附近的星座為這個流星雨命名。由於彗星散落下來的塵埃聚集在彗星軌道上，當地球運行到這個區域，就產生了流星雨的輻射點。

觀賞流星的三個條件

大多數形成流星的宇宙塵埃並不是自己撞向地球，反而是地球撞向宇宙塵埃。地球會沿著公轉軌道前進，從太陽看向地球時，位於地球左方的宇宙塵埃會飛向地球，變成流星。

考慮地球與太陽的位置關係，我們只有在午夜零時到中午十二時之間可以看到這個方向（有流星）的天空。並且，日出後我們就看不到流星了，所以出現最多流星的時間，應為午夜零時到日出時分。

觀賞流星的訣竅有以下三個。

①盡可能在黑暗的地方觀賞

主要流星雨

★為三大流星雨

	主要流星雨	高峰期	母彗星
★	象限儀座流星雨	1月 3日	未確定
	天琴座流星雨	4月22日	柴契爾彗星
	寶瓶座 η 流星雨	5月 6日	哈雷彗星
	寶瓶座 δ 南流星雨	7月28日	不明
★	英仙座流星雨	8月12日	斯威夫特一塔特爾彗星
	獵戶座流星雨	10月21日	哈雷彗星
	獅子座流星雨	11月17日	坦普爾一塔特爾彗星
★	雙子座流星雨	12月14日	法厄同小行星
	小熊座流星雨	12月22日	塔特爾彗星

②在有流星雨的時候觀賞
③在午夜零時到日出前觀賞

流星數量最多的三個流星雨為「象限儀座流星雨」、「英仙座流星雨」、「雙子座流星雨」，稱為三大流星雨。其中最推薦的是英仙座流星雨，在它的高峰期，每小時會有三十至六十顆流星，而且每年的流星數量都很穩定，明亮的流星也特別多。英仙座流星雨大約在每年八月十二、十三日的前後兩三天期間，最為活躍。

這時候也正好是日本的中元節連假，人們可在回老家或旅行時好好觀賞英仙座流星雨。而且，夏天夜晚比較舒服、不冷，和出現在寒冷冬天的象限儀座流星雨、雙子座流星雨相比，英仙座流星雨更能在戶外舒適的觀賞。

07 太陽會永遠燃燒下去嗎？

太陽的能量來自何處？

為什麼太陽能夠一直發光發熱呢？在地球的大氣層外，與陽光垂直的面上，每一平方公分在一分鐘之內，可以獲得八焦耳的能量（約二卡路里），這也稱做「太陽常數」。整個地球在一分鐘之內，可以從陽光中獲得1.02×10^{19}焦耳的龐大能量。

即使如此，地球所接收到的太陽能量，也只有太陽釋放到太空中的總能量的二十億分之一而已。

如果太陽是由煤炭之類的燃料組成，並持續釋放出那麼多能量的話，只要數十萬年就會燃燒殆盡。那麼，為什麼太陽能在這四十六億年間持續發光發熱呢？

這個問題有很長一段時間一直是個謎。

進入二十世紀之後，隨著原子相關研究的進展，科學家們終於解開這個謎團。原來太陽藉由「核融合」這種反應產生能量。核融合是一種核反應，較輕的原子核結合成較重的原子核，與氫彈的原理相同。

太陽內部的核反應中，主要是以四個氫原子核融合成一個氦原子核的反應。反應過程中質量會減少，並轉換成能量釋放出來。

核融合所產生的龐大能量會以熱與光的形式釋放出來，維持太陽的溫度，使太陽可持續進行下一次核融合。總結來說，太陽的壽命約有一百億年左右，所以之後還會繼續發光大約五十億年。

太陽的一生

二十世紀的天文學研究有個重要的發現，那就是決定恆星命運的因素裡，最重要的就是恆星的質量。說得極端一點，只要知道恆星誕生時的質量，就可以推斷恆星的壽命是多少，又會走向什麼樣的結局。

太陽目前正處於恆星一生中的「主序星」階段。目前宇宙當中的恆星，約有九成都屬於主序星，各主序星的性質相當相似，大小為太陽的數十分之一到十倍左右。大多數恆星都會經過主序星階段，然後變成「紅巨星」，最後塌縮成為「白矮星」。

恆星的一生中，大部分的時間都處於主序星階段，最終膨脹成紅巨星時，內部的核融合反應會在中心處生成氦核心，而氫原子的核融合反應則往外側移動。

恆星的大小取決於重力與輻射能量的平衡，當核融合反應往外移動時，輻射能會變得比重力強，使恆星不斷膨脹、表面溫度漸漸下降，且變得愈來愈明亮。

以太陽為例，它大約在四十六億年前太陽系形成後，步入主序星階段。直到現在，太陽的亮度已增加了約三〇%，當到了主序星的最後階段時，太陽的亮度預計會變成現在的兩倍。在那之後，太陽會急遽膨脹成紅巨星，體積大到蓋過地球公轉軌道，地球很可能會被吞沒。

不過，在太陽進入紅巨星初期階段時，會釋放出許多塵埃，使質量變小，這會讓太陽與地球間的萬有引力變弱，令地球公轉軌道遠離太陽。所以也有人認

恆星的一生

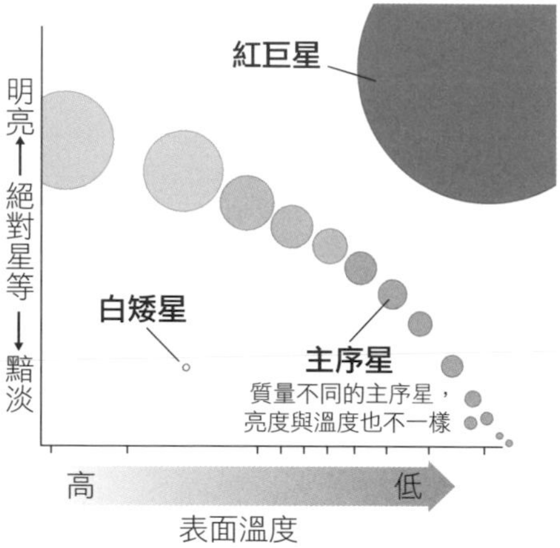

為，地球不會被此時的太陽吞沒。

太陽在紅巨星階段後，會披上稱為「行星狀星雲」的死亡裝束，轉變成白矮星，最後成為無法發光的冰冷星球，結束一生。

超新星爆炸

恆星會因重力的關係往內塌縮，質量大的恆星（太陽的三倍至十幾倍）在塌縮的壓力下，使中心部分的溫度達到一億克耳文，產生氦的核融合反應。

其中，若質量是太陽的八倍以下，由氦融合而成的碳元素，會逐漸累積在恆星中心，在強大重力的影響下，內部抵抗壓縮的力量（電子簡併壓力）會愈來愈撐不住天體結構，使天體開始收縮，並開始進行碳的核融合反應，產生大爆炸。

如果質量是太陽的八倍以上，恆星中心的鐵會持續吸收能量，並分解成氦與中子。這會導致核心的壓力一口氣崩潰，外層也往外爆開。

這些爆炸現象就稱做「超新星爆炸」。

超新星爆炸時，地球上的人會看到天空中突然出現一顆明亮的星星，人們稱它為「超新星」。但實際上它並不是新的恆星，而是恆星死亡前釋放出來的最後的光輝。

在我們的銀河系中，約每一百到兩百年間，就會發生一次超新星爆炸。

日本鎌倉時代初期有一位名為藤原定家的歌人，他因編選《新古今和歌集》而聞名。藤原定家的日記《明月記》中寫道，平安時代末期的天喜二年（一〇五四年），舊曆五月十一日至二十日的夜晚，天空中出現了與木星亮度相近的明亮星星。後來的研究認為，藤原定家看到的明亮星星應該是M1（蟹狀星雲）的超新星爆炸。

捕獲超新星的微中子

超大質量的恆星發生超新星爆炸後，會釋放出一種稱為微中子的基本粒子。微中子會以光速運動，質量遠小於電子的一萬分之一，它的最大特徵，就是幾乎不會與任何物質反應，會直接穿過幾乎全部的物質（包括我們的身體和地球）。

小柴昌俊博士曾因為微中子研究的貢獻，獲得了二〇〇二年的諾貝爾物理學獎。他從大麥哲倫星系的超新星爆炸，捕獲到微中子，這是全世界的第一次。

為了在觀測微中子時，避開其他宇宙射線的影響，科學家們在日本神岡礦山的地下一千公尺處，建造了巨大水槽，並在水槽中設置許多偵測器（光電倍增管），來偵測由微中子所發出之「契忍可夫輻射」，這就是神岡探測器。

一九九六年起，超級神岡探測器啟用，它的偵測器數量是神岡探測器的七十倍以上，後來也確認到了微中子具有質量這項事實。

08 如果地球不能居住，人類要移居到哪裡呢？

和地球相似的紅色行星

在地球公轉軌道外側一些運轉著的行星，就是火星。從地球上看到的火星之所以是紅色，是因為火星的地表覆蓋著富含赤鐵礦（氧化鐵）的岩石。火星的直徑約為地球的一半，質量則是地球的十分之一左右。

火星的自轉週期為二十四小時三十七分，幾乎與地球相同，繞太陽公轉的週期則是六百八十七日。另外，火星的自轉軸傾斜角度為二十五度，所以火星上也有著類似地球的四季變化。

在四十六億年前，太陽系誕生初期，許多氣體與塵埃受太陽吸引，圍繞著太陽旋轉，變成圓盤狀，密度較高的部分組成中心，然後成長為直徑數公里左右的微行星。後來，微行星頻繁的互相撞擊，變得愈來愈大，最後形成地球、火星等行星。

地球與火星幾乎在同一個時間點誕生。但地球表面有著豐富的水，火星地表卻像沙漠般荒涼。

究竟是什麼原因，造成了地球與火星走向不同的命運呢？最大的原因出在星球大小的差異。火星的質量只有大約地球的十分之一，用來抓住大氣層的重力則只有地球的四成，使得水蒸氣容易散逸到太空中，因此火星的大氣相當稀薄，氣壓僅有一標準大氣壓的二百分之一。

火星也是「水之行星」嗎？

火星表面或許曾經有過豐富的水——這種想法從一九七〇年代以來相當受到歡迎。因為探測器的調查結果顯示，火星表面的某些地形，看起來就像是有大量水流過的痕跡。

火星也具有相當於地球北極與南極的「極冠」，探測器發現到，北極極冠平原的隕石坑內存在冰。光是南極極冠的冰所蘊藏的水分，就能夠覆蓋整個火星地表，水深高達十一公尺。

二〇〇四年，NASA送上火星的兩台無人探測器「精神號」與「機會號」也找到了火星上存在大量水分的證據。火星上有硫酸鹽礦物，要是不曾有過豐富水分的話，不可能形成那麼多硫酸鹽礦物；另外，火星上還有波紋狀的岩層，顯示這裡曾經有水流過。

近來在火星上還發現了沖積的痕跡，證實曾經有液態水從火星內部噴出。

由這些事實可以推測，過去火星可能擁有大量水分，經歷過一段溫暖、潮濕的時期。目前幾乎可以肯定，火星地下有以冰的形式存在的水分。也就是說，火星很可能是「水之行星」。水是孕育生命的重要物質，有科學家甚至認為，火星上可能有細菌之類的生物，但目前大多數人並未接受這個觀點。

人類可生存的唯一行星

你有聽過「外星環境地球化」這個詞嗎？

顧名思義，就是將目前生物無法生存的行星，改造成水與綠色植物的行星，讓人類得以居住於此的宏偉計畫。其中，呼聲最高的候選行星就是火星。

太陽與火星的距離約是日地距離的一．五倍，所以火星表面的太陽日照比較少，改造火星的第一步就是暖化火星表面。具體的方案有兩種。

第一種是增加火星地表吸收的陽光量，使火星氣溫上升。例如將一面又薄又大的鏡子設置在靠近火星的太空中，匯聚太陽光照向火星極冠，使冰層融化。極冠冰層融化後，可以增加大氣中的水蒸氣與二氧化碳，藉此產生溫室效應以提高氣溫。第二種則是運用容易吸熱的深黑色含碳物質，將它粉碎、覆蓋到整個火星表面，提升對陽光的吸收效果。

改造的第二步，是將火星的大氣成分變為適合生物生存的比例。火星目前的大氣組成為九五．三％的二氧化碳、二．七％的氮氣、以及一．六％的氬氣。

有人提出可以用藻類之類的簡單生命體來改造大氣。藻類可吸收二氧化碳，行光合作用，釋放出氧氣。在火星大氣暖化，液態水能持續存在之後，或許就能將藻類等生物帶到火星，增加火星大氣的氧氣比例。

要執行這個計畫，需藉由基因工程方面的研究，培育出光合作用效率高的藻類。當啟動「外星環境地球化」這個超大型計畫後，再過幾個世紀，或許移民火星就不再是夢想了。

結語

日本國中的自然科課程包含物理、化學、生物、地球科學等四個領域。目前的地球科學課綱中，一年級生需學習火山、地震、岩石與礦物，二年級生需學習天氣變化，三年級生需學習地球、宇宙的相關知識。因為國中為義務教育，所有人都得學習地球科學；但到了高中，選修地球科學的學生相當少。

考大學時，目標是文組科系的學生本來就不用準備自然科；但即使是目標為理組科系的學生，也多會選考物理和化學，或者是生物和化學。在日本的中心試驗（譯註：日本的大學入學考試）中，選考地球科學的人實在是少之又少，也因此，很少學生在高中課程選修地球科學。

如果讀過本書之後，讓你覺得「地球科學真是有趣」的話，也請你試著有系統的學習地球科學吧。在我的作品中，《大人重讀國中地科》（SB Creative）歸納了國中程度的內容，《新高中地球科學教科書》（講談社 Bluebacks）則歸納了高中程度的內容。

在本書寫作過程中，我常常覺得「科學家們也是一般人」，他們在研究過程中，有時會碰到自己的想法不被他人認同，有時會被欺騙而深感羞恥。即使如此，許多科學家仍持續向未知的大自然挑戰，才造就出現在的科學發展。自然界中仍接連不斷出現待解的謎題，想必未來的科學家們也將持續探究這些奧祕。

製作本書時，由時任國高中地球科學教師的小林則彥老師協力撰寫，小林先生也參與了《理科的探險（RikaTan）》這份雜誌的企畫與編輯，來推廣自然科學的樂趣。十分榮幸能和您一起，呈現地球科學的魅力。

另外也感謝平賀章三先生（奈良教育大學教授）看過原稿內容。

左卷健男

參考文獻

- 市場泰男 著《科學史的真面目之99個謎團》產報期刊〈Sanpo books〉一九七七年
- 大塚道男 著《探究地球之謎》藤森書店 一九七七年
- 松井孝典 著《地球　誕生與演化之謎》講談社〈講談社現代新書〉一九九〇年
- 左卷惠美子、縣秀彥 編著《有趣的科學讀本　生物・地科》新生出版 一九九六年
- 杵島正洋、松本直記、左卷健男 編著《新高中地球科學教科書》講談社〈Bluebacks〉二〇〇六年
- Bill Bryson 著、榆井浩一 譯《人類所知的一切之簡史》日本放送出版協會 二〇〇六年
- 田近英一 著《結凍的地球　雪球地球與生命演化的故事》新潮社〈新潮選書〉二〇〇九年
- 山賀進 著《一本看懂　地球的歷史與形成》Beret出版 二〇一〇年

BOOK REPUBLIC
讀書共和國
快樂文化
Happy Publishing House
有趣到睡不著
007

有趣到睡不著的地球科學：變成化石沒那麼簡單

作者：編著-左卷健男、執筆者-小林則彥／繪者：封面-山下以登、內頁-宇田川由美子／譯者：陳朕疆
責任編輯：許雅筑／封面與版型設計：黃淑雅
內文排版與上色：立全電腦印前排版有限公司

快樂文化
總編輯：馮季眉／主編：許雅筑
FB粉絲團：https://www.facebook.com/Happyhappybooks/

出版：快樂文化／遠足文化事業股份有限公司
發行：遠足文化事業股份有限公司（讀書共和國出版集團）
地址：231新北市新店區民權路108-2號9樓／電話：（02）2218-1417
電郵：service@bookrep.com.tw／郵撥帳號：19504465
客服電話：0800-221-029／網址：www.bookrep.com.tw
法律顧問：華洋法律事務所蘇文生律師

印刷：中原造像股份有限公司
初版一刷：2021年7月　初版六刷：2024年5月
定價：360元
ISBN：978-986-06339-3-1 (平裝)

國家圖書館出版品預行編目（CIP）資料

有趣到睡不著的地球科學：變成化石沒那麼簡單／左卷健男編著；陳朕疆譯. -- 初版. -- 新北市：快樂文化出版，遠足文化事業股份有限公司，2021.07
面；　公分
譯自：面白くて眠れなくなる地学
ISBN 978-986-06339-3-1(平裝)
1.地球科學 2.通俗作品
350　　110005685